Die

Taxation des Mittelwaldes

von

Wilhelm Weise,

Oberförster = Candidat.

Berlin.

Verlag von Julius Springer.

1878.

ISBN-13: 978-3-642-47319-7   e-ISBN-13: 978-3-642-47780-5
DOI: 10.1007/978-3-642-47780-5
Softcover reprint of the hardcover 1st edition 1878

Vorwort.

Es fehlt in neuerer Zeit nicht an Stimmen, die im Gegensatze zur Befürwortung der umfangreichen Umwandlungen des Mittelwaldes in Hochwald und der immer weiter um sich greifenden Verdrängung des ersteren für die Erhaltung dieser gesunden und hochinteressanten Waldform sich erheben. Es kann dieses Aufsteigen in der Gunst aber nur dann von Dauer sein, wenn die Taxation sicherere Grundlagen und eine zweckentsprechendere Fortführung durch die Kontrole, als bisher erhält.

Leider hat gerade die Betriebsregulirung, auch ohne es zu wollen, häufig der Ueberführung in Hochwald in die Hände gearbeitet, und ist ihrerseits dem Mittelwaldbetriebe als solchem gegenübergetreten. Ueber dieses Stadium muß die Taxation hinaus, wenn die Waldform im völlig geregelten Haushalte dauernd einen Platz finden soll.

Zweck der nachstehenden Arbeit ist es, für den Ausbau des Abschätzungsverfahrens Material zu liefern und Wunsch des Verfassers, daß sie berufenere Kräfte anregen möge, dem Gegenstande nahe zu treten und zu gedeihlicher Entwickelung zu verhelfen.

Magdeburg im Juni 1877.

Weise.

Inhalt.

I.

Entstehung des Mittelwaldes und Einfluß der Betriebs=regulirungs=Versuche auf denselben.

———

Wer auf dem armen Boden Waldwirthschaft treibt, muß mit größter Sorgfalt arbeiten, wenn er einigermaßen zufriedenstellende Resultate erzielen will; er muß mit der widerwilligen Natur ringen und kämpfen, denn in Güte gewährt sie nichts. Die Pflanze verdorrt sicher, wenn ihr Wurzelsystem dem Boden nicht angepaßt ist, oder ein flüchtiger Arbeiter sie in irgend einer Weise beim Pflanzen beschädigte. Und was den Strahlen der Sonne nicht direct erliegt, das besiegt das Heer der helfenden Insecten, entgeht es aber auch diesem glücklich, so vernichtet ein unglückliches Feuer die Mühe und die Arbeit vieler Jahre. Ein nie erlahmender Fleiß gehört dazu, um diese Schäden immer wieder zu repariren und mit gutem Muthe das zerstörte Werk neu aufzurichten. Ist nun endlich die Kultur gelungen und geht die Schonung allmälig in den Stangenort über, so muß die Axt mit Umsicht geführt werden, um zwar rechtzeitig dem dominirenden Stamme im Kampfe um die Nebenbuhler zu Hülfe zu kommen, zugleich aber auch des Guten nicht zu viel zu thun, denn im zu früh durchlichteten Bestande verliert der Boden die Kraft und anstatt daß der Ort nach der Durchforstung froh weiter wächst, bleibt er kümmernd Jahre lang stehen, ein Herd für Insectencalamitäten, den man sobald als möglich entfernen sollte. Es ergiebt sich aus den Wirkungen solcher zu starken Durchforstungen schon von selbst, daß die Ernte hiebsreifer Bäume auf armem Boden an strenge Vorschriften gebunden ist und nur flächenweise geschehen kann, wenn den bleibenden Beständen kein Schaden zugefügt werden soll. Die ganze Wirthschaft muß der Geist strenger Ordnung durchwehen und wo diese herrscht, da finden wir auch Erfolg in Gestalt verhältnißmäßig guter Bestände und fast immer waltet, wenn auch vorübergehend eine Calamität die Oberhand gewinnt, der Eindruck vor, daß des Menschen bestimmter Wille die Natur bezwingt.

Es ist erklärlich, daß die Wirthschaftsform diesem Geiste der Ordnung entsprechen muß und deshalb finden wir unter den beregten Verhältnissen lockerere Formen, wie den Plenter= und Mittelwald in der Regel nicht und wo er auftritt, zeigt er sich als traurige verfehlte Existenz.

Unter solchen Verhältnissen darf man sich nicht wundern, und muß es als ein Glück betrachten, daß diese Waldformen mehr und mehr auf dem ungeeigneten Boden verschwinden und in productivere Waldungen umgewandelt werden. Man darf sich aber auch nicht wundern, daß bei den ausgedehnten Strecken armer Ländereien und der großen Ausdehnung des natürlichen Hochwaldgebietes die Wirth= schaft des strengen Ordnungsprincips sich viele fanatische Anhänger erwarb, und daß der Hang, die einmal erprobte Schablone überall anzulegen, dem Plenter= und Mittelwalde auch da feindlich gegenüber trat, wo beide recht gut gedeihen konnten. Unter welchen Verhält= nissen dieses Letztere der Fall ist, wird eine kurze Besprechung, wie beide Waldformen entstanden, zeigen:

Beide entwickeln sich aus einer Wirthschaft, die lediglich auf Befriedigung des Bedarfs gerichtet war, die den Stamm schlug, wann er gerade nutzbar erschien, ohne Rücksicht darauf, ob er eine Lücke in den Bestand riß oder nicht. Um die Cultur hatte man keine Sorge, man überließ sie einfach der Natur. Traf solche Wirth= schaft Laubholzbestände auf kräftigem, tiefgründigen Boden, so stellte sich, wie wir noch jetzt unter solchen Verhältnissen sehen können, das Unterholz von selbst ein, von stehengebliebenen Bäumen wurde der Same auf die Lücke geworfen, ein Horst Kernwuchs entstand und die Lücke zog sich zu. Lassen wir diesen Vorgang sich von Zeit zu Zeit wiederholen, so erhalten wir allmälig auf einer und derselben Fläche einen Oberholz= und Unterholzbestand. Die Anwesenheit des letzteren schützte in der Folge den Oberbaum, es machte den Wald unwegsam, die Nutzung schwierig, das Herausbringen mühevoll. Schon die Bequemlichkeit mußte dahin führen — ganz abgesehen davon, daß

das Unterholz dann auch besser auszunutzen war — daß es strecken=
weise abgetrieben wurde, um den Oberbaum, das eigentlich werth=
volle Holz zu nutzen. So kam man allmälig in eine gewisse schlag=
weise Ordnung. Einen Schritt weiter zum Mittelwalde führte dann
die Erkenntniß, daß die jungen vom Mutterbestande früher aufge=
schlagenen Kernwüchse, die Laßreidel, stehen bleiben müßten, um
späteren Geschlechtern auch eine Nutzung zukommen zu lassen, deren
Vorwegnahme jetzt durchaus keinen Werth hatte. Lassen wir auch
dieses Bild sich vervielfältigen, so sehen wir allmälig die Oberholz=
klassen und damit aus dieser Bedarfswirthschaft den Mittelwald so
entstehen, wie er jetzt vorhanden ist.

Nicht immer vollzog sich der Prozeß in dieser Art. Wo der
Laubholzbestand auf weniger kräftigem Boden stockte, konnte sich das
Unterholz nicht von selbst einfinden; ein großer Theil der Waldungen
ist da bei zu umfangreicher Ausnutzung einfach devastirt. Wo aber
die Nutzung nur in angemessenem Umfange stattfand, entstand vom
Mutterbestande her durch natürliche Verjüngung ein junger Horst,
der im Heraufwachsen den Schluß wieder herstellte.

Diesen Gang wird auch das Nadelholz auf günstigen Stand=
orten bei mäßiger Nutzung genommen haben, bei stärkerer oder auf
ungünstigem Standorte erhalten wir hingegen die überaus traurigen
Waldbilder, die Bauern= und Gemeindewaldungen in sandigen Ge=
genden so häufig zeigen.

In den Fällen der zweiten Kategorie brachte die Bedarfswirth=
schaft also nur eine Vermischung der Altersklassen hervor und gab
schließlich das Bild des Plenterwaldes. Daß sich bei diesem eine
Schlagwirthschaft naturgemäß nicht bildete, lag in der Zugänglichkeit
des Waldes, die eben nicht dazu zwang. Die Waldform erlaubte
dem Nutznießer freien Zutritt, er konnte den Stamm auf beliebiger
Stelle auswählen, fällen und abfahren, ohne dabei durch das Unter=
holz gehemmt zu sein. Wer wollte sich da bei der Auswahl auf
einen kleinen Raum beschränken! Und so wurde nun im ganzen
Walde alljährlich umher gehauen.

Vereinigte sich nun die Nutzungsart an und für sich schon
schwer mit einer Wirthschaft, die strengste Ordnung als Grundlage
verlangt, so erwarb sich die Bedarfswirthschaft noch mehr Feinde da=
durch, daß der Hieb auch in Quantität, wie es ja in der Natur der

Wirthschaft lag, schwankte. Was sollte ein geregelter Haushalt mit solchem Wirthschaftsobject anfangen, es paßte da nicht hinein. Zwei Wege waren dem gegenüber einzuschlagen, entweder wandelte man in Hochwald oder Niederwald um oder versuchte Ordnung in die Bedarfswirthschaft hineinzubringen, Betriebspläne aufzustellen, feste Abnutzungssätze zu berechnen und so den frei wachsenden Wald in die Zwangsjacke hineinzupassen. Nun kam die ängstliche Sorge um die Nachhaltigkeit des Betriebes. Im Hochwalde bleibt stets bei allen Taxationssystemen als controlirendes Moment für den Werth der Schätzung die Flächenabnutzung. Eine scheinbar noch so wohl begründete Berechnung des Etats zeigt die innere Ohnmacht, den Trugschluß, der sie begründete, in Praxi dadurch, daß nach längerer Wirthschafts=dauer die Nutzung der Fläche von gleicher Bonität zurückgeblieben oder vorangeeilt ist dem Producte aus $\frac{F}{u}$ und der Zahl der Jahre, die seit der Einrichtung verflossen sind. Welchen Anhalt aber hat man beim Mittelwalde, da die Fläche dafür nicht benutzt werden kann? Nur Masse und Zuwachs, beides Factoren, deren Feststellung noch in unseren Tagen Schwierigkeiten hat. Was war natürlicher, als daß beide, um das Princip der Nachhaltigkeit unbedingt festzu=halten und kein todeswürdiges Verbrechen durch eine zu starke Ab=nutzung zu begehen, herabgedrückt und vermindert wurden. Gott schütze mich vor meinen Freunden! konnte da der Mittelwald mit Recht sagen. Denn was war die Folge von so überschwänglicher Vorsicht? Erhöhung des Materialkapitals! und da man auf dem einmal eingeschlagenen Wege immer weiter ging, so vollzog sich der vorerwähnte Proceß der Mittelwaldbildung rückwärts. Die Bestände wuchsen in hochwaldartigen Schluß hinauf, das Unterholz, die Alters=klassen verschwanden mehr und mehr und schließlich hatte die Mittel=waldwirthschaft ihrem Wesen nach lange aufgehört, ehe denn der Plan der Ueberführung erdacht war und der Mittelwald auch dem Namen nach begraben wurde.

Schwerlich würden die Mittelwälder so rasch in Hochwald über=geführt sein, wenn nicht lange vorher die in System gebrachte Angst vor einem Ueberhauen und die Lust an der Aufspeicherung übergroßer Materialkapitalien diesen Proceß vorbereitet, ja eigentlich schon zu Ende geführt hätte. Lassen wir Zahlen für diese Behauptung sprechen:

Wenn im Mittelwalde 130 Festmeter im Durchschnitt pro Hectar stehen, so ist das bereits ein ziemlich hoher Oberholzvorrath. Der Wald hat 120 Hectar Flächeninhalt und soll in Hochwald mit 120jährigem Umtriebe umgewandelt werden. Das Oberholz besteht aus Buchen.

Der Oberholzvorrath ist im Ganzen = 15600 Festmeter. Der Hochwald hingegen erfordert nach der Burckhardtschen Normalvorrathstafel, wenn man von der dort ausgeworfenen Zahl 30853 Festmeter das darin mit enthaltene Reisig mit 20% abzieht, 24682 Festmeter also 9082 mehr als der Mittelwald. Um c. 60% seiner bisherigen Größe muß demnach der Vorrath erhöht werden. Unter der Annahme, daß in Zukunft gleichmäßig ein Zuwachs von 3% des jetzigen Vorraths erfolgt, ist das in 20 Jahren möglich, wenn während dieser ganzen Zeit keine Nutzung stattfindet.

Solche Opfer zu bringen würden Viele sich scheuen, die selbst einen hohen Preis für die Umwandlung zahlen möchten. Leichter aber wird es, wenn seit langer Zeit die Materialschätzung gedrückt ist, wenn das Zuwachsprocent des Mittelwaldes nur so hoch in Ansatz gebracht wird, wie es im haubaren Hochwaldbestande ist und darauf basirende Etats Perioden lang in Anwendung bleiben, ja gegen sie zur Freude Vieler womöglich noch erhebliche Einsparungen gemacht werden. Da speichert sich denn unter dem Deckmantel eines vorzüglichen Betriebsplanes allmälig so viel Vorrath auf, daß endlich das erlösende Wort gesprochen werden kann: „Ja „aber das ist kein Mittelwald mehr. Es sind bereits viel Hochwald„bestände vorhanden, die Umwandlung der anderen ist nicht schwer „und was etwa lückig ist, kann durch Kultur ergänzt werden." Wir sind am Scheidewege: Hoch- oder Mittelwald? und die Lösung der Frage lautet fast immer: Hochwald!

Die Einfachheit und Leichtigkeit der Abschätzung und der Kontrole, mitunter wohl auch die Liebe zur schablonenhaften Ordnung hat gesiegt. Für sehr viele Verhältnisse mag die Ueberführung in den Hochwald auch gepaßt haben, für viele aber nicht. Und wir glauben, daß gerade da, wo die Ueberführung sehr rasch und leicht von Statten ging, dieselbe oft nicht nöthig war; denn die Schnelligkeit der Reconstruction muß als ein Zeichen angesehen werden dafür, daß der Boden durchaus kräftig war und daß er durch die Mittelwaldwirthschaft nicht gelitten hatte. Die Bejahung der Frage, ob die Mittelwaldwirthschaft beibehalten werden kann, hängt wesentlich davon ab, ob der Boden Kraft genug hat, die Waldform zu tragen. Das ist aber nur da bestimmt anzunehmen, wo die gehauenen Lücken ohne Hülfe sich mit Unterholz beziehen, das dem Oberbaume den Boden deckt und ihn gleichsam in einen wärmenden Fußsack steckt. Ueberall wo dieses nicht der Fall ist, wo für die Ansiedelung und Verdichtung des Unterholzes unter neuem Schirmstande die Kultur ganz oder in erheblichem Maße eintreten muß, ist der Mittelwald nicht mehr am Platze und sollte in passendere Betriebsarten übergeführt werden.

Ein kleines Gebiet ist es demnach, was ihm bleibt, im Vergleich zu dem großen waldbestockten Areale: der Aueboden unserer Flußthäler, die ebenen Lagen des Kalkes, die Hänge des kräftigsten Gebirgsbodens.

Unter solchen Verhältnissen ist der Mittelwald durchaus vortheilhaft. Wird das nun auch anerkannt, so bleibt ihm doch der eine mächtige Feind, die Schwierigkeit, seinen Betrieb zu regeln.

Außer dem Plenterwalde giebt es keine andere Waldform, die so abhängig ist von der Betriebsregulirung, um sich in ihrer Eigenart zu erhalten. Der Hochwald bleibt Hochwald, mag auch Jahre lang zu viel oder zu wenig gehauen werden. Der Effect ist nur der, daß sich der Umtrieb erniedrigt oder erhöht, wenn der Abnutzungssatz den Umtrieb hindurch eingehalten werden soll. Die zu große oder geringe Flächennutzung im Niederwalde bringt auch nur eine Differenz mit der festgesetzten Umtriebszeit zu Wege, während im Mittelwalde die andauernde Einhaltung unangemessener Abnutzungssätze auf der einen Seite, wie wir bereits erwähnt haben, in den Hochwald überführt, auf der anderen Seite ein Verzehren des ganzen Oberholzvorrathes hervorruft und an die Stelle des Mittelwaldes den Niederwald treten läßt.

Hängt danach die Existenz des Mittelwaldes von der Nutzung ab, so erscheint es dem gegenüber um so wunderbarer, daß seiner Taxation nicht mehr Interesse zugewendet ist und um so gerechtfertigter erscheint es, auf hervorragende Punkte dieses Zweiges der Taxation einmal näher einzugehen und zu besprechen, was für die nachhaltige Bewirthschaftung des Mittelwaldes als Mittelwald erforderlich ist.

II.

Der normale Mittelwald.

Der Mittelwald ist eine combinirte Waldform von Nieder= und in soweit geregeltem Plenterwald, daß in letzterem nur dann gehauen wird, wenn das unter ihm stockende Buschholz abgetrieben ist.

In dieser Verbindung betrachtet man namentlich in neuerer Zeit beide Waldformen nicht als gleichberechtigt, sondern legt das Hauptgewicht der Wirthschaft auf den Plenterbetrieb, also auf den des Oberbaumes, während das Unterholz eine untergeordnetere Rolle spielt und mehr als Bodenschutzholz betrachtet wird. Es entspricht solche Behandlung vollständig der Theorie, die wir vorher über die Entstehung des Mittelwaldes aufgestellt haben. Auch liegt sie ja in der Natur der Sache: Was dauernd in Ueberschirmung wächst und nicht dazu bestimmt ist, einmal den Kopf frei der Sonne zuwachsen zu lassen, das kann im Walde nur eine Nebenrolle spielen, die Hauptrolle fällt dem dominirenden Bestande zu und ihn muß die Wirthschaft hauptsächlich bei ihren Dispositionen im Auge behalten.

Will man den Schwerpunkt in die Niederwaldnutzung verlegen, so muß das Oberholz auf ein Minimum beschränkt werden, der Wald muß aber nicht mehr Mittelwald, sondern Niederwald mit vereinzeltem Oberbaume genannt werden.

Trotz dieser untergeordneten Rolle des Unterholzes bildet es einen wichtigen Factor für die Betriebsregulirung und vom Nieder= walde aus muß die Einrichtung beginnen, denn es giebt die durch den Betriebsplan zu bestimmende Umtriebszeit für den Niederwald, und die dadurch bedingte Eintheilung des Waldes in Schläge den Rahmen, in welchen die Schätzung des Oberholzes einzufügen ist.

Die Bestimmung des Unterholzumtriebes geht also jeder anderen Arbeit vorauf und wir müssen uns zunächst damit beschäftigen.

Maßgebend sind hauptsächlich zwei Rücksichten, nämlich die Verwerthbarkeit des Holzes und die Ausschlagsfähigkeit der Stöcke. Beide Gesichtspunkte müssen gegen einander abgewogen werden, um den wirthschaftlich richtigen Umtrieb klar zu legen. Beachtet man nur den einen, so gelangt man zu falschen Resultaten. Häufig wird die vortheilhafte Verwerthung des Unterholzes einen zu hohen Umtrieb für die Ausschlagsfähigkeit erheischen. Wollte man ihn trotzdem danach bestimmen, so trifft der hohe Ertrag wohl beim ersten Umtrieb ein, für die Folge aber bleibt er zurück. Man hat also dann nicht blos die Rente, sondern auch einen Theil des Kapitals genutzt. Auf der anderen Seite würde es ebenso unwirthschaftlich sein, falls bei höherem Umtriebe ein Steigen des Ertrages zu erwarten wäre, aus übergroßer Vorsicht und Sorge um die Nachhaltigkeit, den Bestand früher, als die Ausschlagsfähigkeit gestattet, auf die Wurzel zu setzen.

Diese zwei Gesichtspunkte müssen daher stets für die Festsetzung des Umtriebes in Betracht gezogen werden, es kann aber auch noch ein dritter hinzutreten. Der Umtrieb des Oberholzes U muß ein Vielfaches von dem des Niederwaldes u sein. Nun kann es vorkommen namentlich, wenn u hoch ist, daß der Umtrieb nu zu lang, (n—1) u zu kurz für die Oberholzwirthschaft ist und die richtige Umtriebszeit zwischen beiden Größen liegt. Will man in solchen Fällen den Oberholzumtrieb gar nicht resp. möglichst wenig ändern, so muß die Umtriebszeit des Niederwaldes um einige Jahre erniedrigt oder erhöht und hierdurch dem Oberholzumtriebe angepaßt werden. Solcher Fall ist aber als Ausnahme anzusehen, die Regel ist, daß U allein in dem beregten Falle erhöht oder erniedrigt wird, um es zum Vielfachen von u zu machen.

Nach der Zahl der Jahre, auf welche u bestimmt ist, wird der Wald in gleich große Schläge eingetheilt, es erhält daher jeder von ihnen die Größe $\frac{F}{u}$.

Auf jedem steht gleichaltriges Unterholz. Es ist aber nicht die ganze Fläche damit bestockt, denn mit dem Unterholze zugleich wächst die jüngste Altersklasse des Oberholzes herauf und nimmt einen Theil der Fläche in Anspruch. Sie bleibt beim Hiebe stehen und tritt damit in die Klasse der Laßreiser. Wir werden nun später sehen, daß auch diese jüngste Klasse die volle Fläche, die jeder ältern gebührt, einnehmen muß. Es verkürzt sich hieraus die dem Unterholze zugewiesene Fläche beiläufig gesagt um den Werth $\frac{F}{U}$. Bei gehöriger Vermischung der Altersklassen tritt dieser Abzug nicht scharf in die Augen, er wird aber evident, sobald der Jungwuchs horst- oder flächenweise zusammensteht.

Auch die noch verbleibende Fläche ist nicht vollbestockt, weil die jüngeren Altersklassen wegen ihres durch den niedrigen Kronenansatz hervorgerufenen dichten Schattens dem Unterholze keinen günstigen Standort bieten, so daß es sich von Natur nur spärlich dort anfinden oder erhalten kann. Es fällt also auch hier ganz oder theilweise aus. Erst unter den mittleren Altersklassen kann es in dem weniger intensiven Schatten gedeihen, sich kräftigen und erheblichere Erträge liefern. Wir sehen also, daß von der Schlagfläche $\frac{F}{u}$ nur ein Bruchtheil auch unter normalen Verhältnissen bestockt sein kann. Es wird aber aus dem Gesagten zugleich die Unmöglichkeit einleuchten, diesen Bruchtheil zu bestimmen. Er ist verschieden bei den einzelnen Holzarten, er muß bei den schattenertragenden Oberbäumen wegen des dichten Baumschlages derselben geringer sein, als bei den lockerkronigen Lichtpflanzen, er muß bei gleichen Verhältnissen abnehmen mit der geringeren Bonität des Bodens und zunehmen mit der Güte desselben.

Können wir aber die Fläche nicht genau bestimmen, die das Unterholz normal oder in Wirklichkeit einnimmt, so ist damit der Ermittelung normaler Erträge durch Rechnung jeder Anhalt entzogen und wir wollen weitere, dahin zielende Versuche nicht anstellen, vielmehr, damit wir später nicht noch einmal darauf zurückzukommen brauchen, gleich hier bemerken, daß man für die Schätzung der Unterholzmasse die Ergebnisse der letzten Hauung direct zum Anhalte nimmt und den Ertrag der nächsten gleich hoch mit dieser schätzt. Nur wo die Verhältnisse in offenbarer Verbesserung oder Verschlechterung begriffen sind, mag das durch Erhöhung oder Herabsetzung der erfolgten Erträge bei Festsetzung der zukünftigen berücksichtigt werden. Weit darf man sich aber keinen Falls von den realen Erträgen entfernen, denn die Modificirung derselben kann sich gezwungener Weise nur auf subjective Anschauung stützen und entbehrt jeder weiteren Begründung.

Wird die frühere Schlageintheilung nicht beibehalten, so müssen die Hiebsresultate der Vergangenheit der veränderten Waldeintheilung angepaßt werden. Man berechnet dann den Durchschnittsertrag pro Hectar jedes veränderten Schlages, daraus die Erträge der Trennstücke und mit Hülfe dieser die für jeden einzelnen Schlag. Wo die Bestockung auf den Trennstücken wesentlich vom Durchschnitt abweicht, muß noch eine regulirende Erhöhung oder Ermäßigung eintreten.

Wir wenden uns nunmehr den für das Oberholz maßgebenden Verhältnissen zu.

Das Ideal, welchem nahe zu kommen die Wirthschaft bestrebt sein muß, ist folgendes: Schlagweise eine normale Altersklassenfolge und innerhalb einer jeden einzelnen Klasse die normale Masse und den normalen Zuwachs herzustellen, so daß bei dem Hiebe eines jeden Schlages der normale Zuwachs als Etat genützt werden kann. Es zerfällt also der Wald vollständig in kleinere Complexe, die Schläge. Da im Normalwalde diese sämmtlich gleich groß sind und für jeden gleiche Bestockung vorausgesetzt wird, so brauchen wir uns nur mit einem zu beschäftigen und wollen dazu den wählen, der kurz vor dem Hiebe steht.

Wir besprechen zuerst die normale Altersstufenfolge. Die Zahl der Stufen per Schlag ist gleich dem Quotienten aus Umtrieb des Oberbaumes und des Niederwaldes also

$$= \frac{U}{u} \text{ oder da } U = nu \text{ ist } = n.$$

Jede ältere Stufe zählt u Jahre mehr, als die demnächst jüngere. Beides, Zahl und Altersdifferenz, findet darin seine Begründung, daß die Bedingungen, die das Anschlagen einer Cultur erheischen, nur in Intervallen von u zu u Jahren gegeben sind. Der Same der im ersten Jahre nach dem Hiebe fällt, geht wohl auf, kann aber nur fortwachsen, wenn er auf Stocklöcher oder besonders vom Unterholze gereinigte Flächen fällt, anderen Falls ist er dem Tode geweiht, denn der in den ersten Jahren reichlich und wegen seines außerordentlich starken Blattschmuckes doppelt verdämmende Stockausschlag überwächst die langsamer sich entwickelnde Samenpflanze und den ganzen

Umtrieb hindurch vermag sie nicht im Schatten zu vegetiren. Der im zweiten und nächsten Jahre aufschlagende Same findet in dem den Keimling sofort umhüllenden dichten Schatten des Stockaus=schlags noch weniger günstige Bedingungen und muß im ersten Jahre wieder vergehen. Erst wenn die Mehrzahl der Stockausschläge ab=gestorben und abgebrochen ist, wenn dann wieder etwas Licht durch Kronen und Busch fällt, vermögen sich die Pflanzen einige Jahre zu halten, bei längerer Beschattung vergehen auch sie wieder. Die Bedingungen des Gedeihens sind also nur für diejenigen Pflanzen gegeben, die etwa zwei bis drei Jahre vor dem Unterholzhiebe auf=gegangen sind.

Nun haben wir im Mittelwalde wegen der besseren Kronen=ausbildung häufiger Samen, als im Hochwalde und es findet wohl jeder Hieb eine Anzahl solcher jungen Pflanzen, denen er zu gedeih=licher Entwickelung hilft.

Es entspricht daher der Regel nach jedem Hiebe eine Verjün=gung und da innerhalb des Oberholzumtriebes $\dfrac{U}{u} = n$ Male gehauen wird, so werden sich in jedem Schlage ebenso viele Verjüngungen finden, welche die Altersklassen in der vorgedachten Art herstellen.

Daß dieses bei künstlicher Verjüngung noch schärfer hervortritt, bedarf wohl nicht des Beweises.

Lassen wir die Jahre, die der Aufschlag schon vor dem Hiebe existirte oder bei künstlicher Verjüngung durch Pflanzung die Jahre, welche die Pflänzlinge im Kamp zubrachten, unberücksichtigt, so haben wir auf dem ältesten Schlage unmittelbar vor dem Hiebe Stämme im Alter von u, 2u, 3u u. s. f. bis nu Jahren.

Auf dem Schlage, der im darauffolgenden Jahre zum Hiebe ge=langt, ist das Holz 1 Jahr jünger, also alt: u — 1, 2u — 1, ... nu — 1.

Auf dem dritten Schlage steht u — 2, 2u — 2 . . . . . nu — 2 jäh=riges Holz und auf dem letzten endlich u — (u — 1) d. h. 1jähriges u + 1, 2u + 1 . . . . . . (n — 1) u + 1 jähriges Holz.

Wir haben also im normalen Mittelwalde wie im normalen Hoch=walde eine Altersstufenfolge, deren Glieder ein Jahr auseinander stehen.

Der jüngste Schlag enthält das 1jährige, der nächste das 2jäh=rige u. s. f., der älteste das ujährige.

Das u + 1 jährige finden wir abermals auf dem jüngsten, das u + 2 jährige auf dem nächstjüngsten und endlich das 2u jährige wieder auf dem ältesten Schlage.

So läßt sich die Kette verfolgen bis zu dem n u = U jährigen Holze, das der älteste Schlag enthält.

Wie alt das Oberholz überhaupt werden soll, hängt ab

a) von der Verjüngung und

b) von der Höhe der Verzinsung, die das laufende und das Werthszuwachsprocent in Summa ergeben.

ad a. Die Verjüngung ist in erster Linie eine natürliche und es müssen daher die Bäume mindestens so alt werden, daß sie guten keimfähigen Samen tragen. Im Mittelwalde tritt dieses Alter nicht spät ein und da, soviel man weiß, die Güte des Samens mit zu-nehmendem Alter nicht abnimmt, so ist durch diesen Punkt der Fest-stellung des U ein weiter Spielraum gelassen. Wo künstliche Kultur angewendet werden muß, kann man die Grenzen nach unten beliebig feststellen, wird aber doch sehr niedrige Umtriebe nicht wählen, weil sie zu große Kulturflächen bedingen und der Anbau schwieriger, zeit-raubender und kostspieliger ist, als im Hochwalde. Man muß daher darauf sehen, nicht mehr jährliche Kulturfläche zu bekommen, als man factisch auch in Bestand bringen kann.

ad b. Solange der Stamm gesund bleibt, nimmt in der Regel der Preis auch zu und zwar im Verhältniß des laufend jährlichen Massen- und des Werthzuwachsprocentes. Sobald aber der Stamm krank wird und abstirbt, ist er in den meisten Fällen nur mit Schaden zu verwerthen, d. h. der Preis pro Einheit, den der Baum in ge-sunden Tagen erzielt haben würde, ist nicht mehr zu lösen und man muß sich mit einem niedrigeren begnügen.

Es muß der Zeitpunkt, von dem ab der Werth sinkt, unbedingt die obere Grenze angeben, bis zu welcher der Oberholzumtrieb fest-gesetzt werden darf.

Die Extreme kennen wir demnach; innerhalb derselben muß, wenn man sich nicht in das Reich der Willkür, des gutachtlichen Um-hertappens verlieren will, die weitere Bestimmung der Rechnung über-lassen werden. Durch diese Rechnung soll derjenige Umtrieb gefunden werden, in welchem sich der Werth eines ältesten Einzelstammes nur noch mit dem Procente verzinst, das der Waldbesitzer an demselben mindestens zu erwirthschaften wünscht.

Ist dieses Procent festgestellt, so ist zu berechnen, in welchem Lebensalter des Baumes die Summe seines Quantitäts= und Qualitätszuwachses nur noch die Höhe desselben hat. Mit diesem Alter ist der Werth von U gefunden soweit, daß er nur noch der Abrundung auf u u bedarf.

Zahl und Altersunterschied der einzelnen Stufen sind jetzt bekannt und wir können uns nunmehr der Bestimmung des normalen Vorraths für jede zuwenden.

Man hat sich in diesem Punkte daran gewöhnt, irgend eine von der ältesten zur jüngsten Altersklasse wachsende Stammzahlreihe anzunehmen, diese unter Berücksichtigung der Schirmfläche der Reihenglieder sowie des Schlusses der Flächeneinheit anzupassen und für normal zu betrachten. Durch Multiplication der Stammzahl jeder Klasse mit der Masse des zugehörigen Einzelstammes findet sich dann die Masse der Klasse und durch Summirung der erhaltenen Einzelwerthe der Normalüberhalt.

Eine solche Aufstellung beruht auf Willkür und die betreffenden Berechnungen sind, wenn sie auch noch so genau aufgestellt sind, ohne Werth, denn es kann kein Beweis geführt werden, daß das angenommene Stammzahlenverhältniß der einzelnen Klassen untereinander richtig ist.

Wird nun aber in dieser Weise das ideale Wirthschaftsziel so in die Luft gestellt, daß es mit den realen practischen Verhältnissen kaum noch einen Anknüpfungspunkt behält, so kann es nicht Wunder nehmen, daß die Praxis es sofort aufgiebt und ihm gar keine Beachtung schenkt und daß es schon in den Lehrbüchern mit einer gewissen Schüchternheit auftritt, die es zu einem schematischen Beispiel herabdrückt, das eben da sein muß, um eine sonst vorhandene Lücke zu füllen. Und doch ist es nicht schwer, die normale Massenvertheilung in ähnlicher Weise zu finden, ohne die Berechnung auf vollständig unsichere Hypothesen zu stellen, man muß nur den Ausgangspunkt von der unter allen Umständen fest bestimmbaren Fläche aus nehmen.

Man darf also nicht so schließen: Jede Altersklasse enthält x Stämme, folglich beschirmt sie y Fläche, sondern vielmehr: Jede Altersklasse muß eine bestimmte Fläche beschirmen, folglich die dieser

Fläche entsprechende Zahl von Stämmen besitzen. Der Flächenantheil darf aber nicht wie bei Cotta verschieden sein, sondern es muß als Princip festgehalten werden, daß jeder Altersklasse eine gleich große Fläche zugewiesen wird.

Die Richtigkeit dieses Satzes muß zunächst vertheidigt werden. Wir wollen zu diesem Zwecke uns den Mittelwald mit seinem Bestande, den er als solcher hat, in Hochwald umwandeln. Man denke sich deshalb das Unterholz fort und die Altersklassen im Oberholz nicht mehr gemischt, sondern räumlich geschieden. Dann ist der Mittelwald unter Beibehaltung desselben Oberholzbestandes und Schlusses ein Hochwald mit unvollkommenem Schluß geworden. Für diesen Hochwald würde als Regel gelten und zwar für die Nachhaltigkeit der Wirthschaft als unbedingt nothwendig, daß jede Altersstufe die gleiche Fläche einnimmt. Wollte man den Oberholzbestand wirklich in Hochwald umwandeln, so würde jeder die Herstellung solches Verhältnisses auch unbedingt verlangen.

Welcher stichhaltige, allgemein gültige Grund liegt vor, daß für den Mittelwald ein anderes Verhältniß gelten müsse?

Keiner! Der einzige Einwand, der für gewisse besondere Verhältnisse begründet werden kann, ist der: Im Hochwalde sind die Bedingungen für das Erwachsen des einzelnen Stammes zum haubaren Baume weniger günstig, als im Mittelwalde, wo jedem Stamme von Anfang an ein größerer Wachsraum gegeben ist, die Stammzahl überhaupt eine geringere und der Kampf um das Dasein ein minder scharfer ist. Es braucht daher die Zahl der Stämme im jüngeren Alter verhältnißmäßig lange nicht so hoch zu sein, wie im Hochwalde, um an Bäumen der ältesten Klasse nachhaltig denselben Vorrath zu haben.

Nehmen wir, um zu zeigen, daß, wie behauptet, dieser Einwand nicht allgemein gültig ist, den äußersten Fall an, nämlich den: Es stehen die Laßreiser nur in solcher Anzahl ganz einzeln vertheilt auf dem Schlage, daß, wenn alle zu Hauptbäumen erwachsen, ihr Endertrag dem normalen entspricht.

Der Schluß ist auf dem Schlage normal. Die Laßreiser nehmen dann bei Beginn der Wirthschaft eine sehr kleine Fläche ein.

Bei dem nächsten Hiebe wird nun um jedes Laßreis so viel fortgehauen, daß, ohne den normalen Schluß zu unterbrechen, es als Oberständer sich normal entwickeln kann. Bei jedem weiteren Hiebe wird in gleicher Weise gehauen und der Wachsraum vergrößert, bis die ehemaligen Laßreiser zu Hauptbäumen erwachsen sind.

Denkbar ist also der Fall, es ist aber einleuchtend, daß ihn schon ein horst= oder truppweises Zusammenstehen der Laßreiser unmöglich macht[1]).

Im Allgemeinen beweist deshalb der Einwand nichts gegen uns. Unter der Annahme räumlichen Zusammenstehens geht aber daraus hervor, daß der Schluß von Klasse zu Klasse ein lockerer werden kann, ohne den Ertrag aus den ältesten Bäumen zu schmälern, nur die Vorerträge, wenn man das an jüngeren Stämmen eingeschlagene Material so nennen kann im Mittelwalde, werden geringer. Unnöthig weite Verbandpflanzung bringt dieselbe Wirkung im Hochwalde hervor.

Wir wollen die Richtigkeit unserer Behauptung auch noch in anderer Weise zeigen, nämlich folgendermaßen:

Gegeben ist die Schirmfläche eines Stammes jeder Altersklasse und der Schluß. Aus diesen Zahlen ergiebt sich, wie viel Stämme

---

[1]) Soviel V. bekannt, sind sämmtliche in den Lehrbüchern angegebene Beispielsreihen nicht allgemein gültige, sondern nur ausnahmsweise passende. Nur Judeich in seiner Forsteinrichtung S. 87 sagt, daß das Vertheilungsverhältniß der Altersklassen im Mittelwalde wie beim Kahlschlagbetriebe des Hochwaldes sich gestalten müsse, nur daß hier nie eine Blöße (?) erscheinen dürfe. Die meisten Autoren folgen der Cotta'schen Darstellung und es mag deshalb das in seinem Waldbau (5. Aufl. S. 123 ff.) gegebene Beispiel unter Annahme räumlichen Zusammenstehens der Altersklassen betrachtet werden. Die 120jährigen Bäume nehmen mehr Fläche in Schirm als die 150jährigen. Beim Hiebe wird von ersteren die richtige Zahl von 10 Stämmen gefällt, die übrigbleibenden, die als Ersatz für die gehauenen Hauptbäume eintreten, nehmen nunmehr die größere Fläche ein. Der Schluß muß also lockerer geworden sein; soll er normal bleiben, so können nicht 10 Stämme gehauen werden. In große Verlegenheit aber kommt die Wirthschaft, wenn die Oberständer zu 120jährigen Bäumen erwachsen sind, denn ihnen ist als Oberständern nur eine Schirmfläche von 2560 ☐' überwiesen; ausdehnen können sie diese bei der vorgenommenen Vertheilung höchstens an dem Rande des Horstes. Es wird aber von ihnen verlangt, daß sie zur Zeit vor dem Hiebe in der Klasse der 120jährigen Bäume 4520 ☐' einnehmen, um in der ältesten wieder auf 3460 ☐' zurückzugehen. Bei räumlichem Zusammenstehen der Altersklassen ist die Cotta'sche Stammreihe daher unmöglich, sie wird auch vermuthlich bei horstweiser Stellung nicht passen, und selbst beim Einzelstande nur unter bestimmten Verhältnissen zutreffen. Als normal ist sie deshalb keinen Falls anzusehen.

auf der Flächen-Einheit stehen, wenn man annimmt, daß gleich-altrige Stämme zusammenstehen.

Offenbar wird der Schluß, wenn er in jedem einzelnen so berechneten Gliede dem normalen entspricht, kein anderer, wenn man die Glieder in Fläche und Stammzahl addirt und die Summe der Stämme über die Summe der Fläche in stammweiser, horstweiser oder beliebiger Mischung vertheilt sich denkt.

Von einer normalen, nachhaltigen Wirthschaft wird nun verlangt, daß durch den Betrieb weder Wald- noch Altersklassenvorrath dauernd geändert wird. Es muß vielmehr an einem bestimmten Punkt des Jahres zu jeder Zeit des Wirthschaftsbetriebes die Prüfung, denselben Vorrath im Ganzen, wie im Einzelnen ergeben, nur die örtliche Lagerung ist eine andere geworden, indem wir den Vorrath des jetzt ältesten Schlages, wenn nicht gerade u Jahre verflossen sind, nicht dort, sondern auf dem inzwischen zum ältesten herange-wachsenen Schlage finden.

Im Laufe der Wirthschaft geht jede jüngere Klasse durch die ältere hindurch bis zum Abtriebe in der ältesten, und indem sie aus der jüngeren in die ältere tritt, muß sie diese vollständig ersetzen. Alle müssen also gleich viel Stämme in der ältesten zum Abtriebe bringen. Nun bleibt die Schirmfläche eines Hauptbaumes stets die-selbe, ebenso der Schluß, in dem er zu anderen Stämmen steht. Es muß daher bei jedem Hiebe auch eine gleich große Fläche zum Abtriebe gelangen. Sie wird, falls sie nicht natürlich verjüngt ist, cultivirt und dadurch stellt sich ganz von selbst die behauptete Alters-klassenvertheilung her.

Es bleibt nun noch übrig, aus unserem Satze die Consequenz für die Berechnung der Fläche, welche jeder Altersklasse zufällt, zu ziehen und die Formel aufzustellen, vermittels deren man die Fläche findet.

Die Größe des einzelnen Schlages war $\dfrac{F}{u}$, die Zahl der Alters-klassen $\dfrac{U}{u} = n$, folglich ist Altersklassen-Fläche pro Schlag $\dfrac{F}{nu} = \dfrac{F}{U}$, oder wenn f die Schlagfläche bedeutet $= \dfrac{f}{n}$.

Es giebt uns die Kenntniß dieses Werthes, verbunden mit dem

gefundenen Satze, daß bei räumlichem Zusammenstehen der gleich=
altrigen Stämme eine Stammzahl für diese sich ergiebt, die unter
jeder beliebigen anderen Gruppirung den normalen Verhältnissen ent=
spricht, direct die Basis, auf der wir den Normalvorrath finden.

Die jüngste Altersklasse I, welche die 1—u jährigen Stämme
umfaßt, hat noch keinen in Masse darstellbaren Vorrath. Es muß
ihr deshalb die Fläche, die sie normal zu bestocken hat, also
$\dfrac{f}{n}$ oder $\dfrac{F}{U}$ Hekt. zugewiesen werden.

In gleicher Weise muß jede ältere, noch kein Derbholz ent=
haltende Klasse behandelt werden.

Erst für die übrigen tritt die Massenberechnung ein. Wir
müssen dazu kennen:

    a. den normalen Schluß,

    b. die Schirmfläche und

    c. die Masse des Normalstammes jeder Altersklasse.

Alle 3 Factoren werden auf die Zeit kurz vor dem Ziele bezogen.

Im Speciellen ist zu den beiden ersten noch zu bemerken:

ad a. Ueber das Maß des Schlusses sind die Ansichten sehr
verschieden und müssen es wohl sein, da wohl noch kein Mensch auf
einem für normal bestockt geltenden Schlage beschirmte und unbe=
schirmte Fläche herausgemessen hat. Glücklicher Weise kann die
Praxis, wie wir später zeigen werden, diesen Factor für die Berech=
nung ganz gut entbehren. Wir wollen deshalb auch nicht unter=
suchen, ob 0,6 oder irgend ein anderer Bruchtheil als Maximum
gelten muß, sondern nur darauf aufmerksam machen, daß der Schluß
keinen Falls hochwaldartig werden darf, weil im Mittelwalde die
Stämme frei erwachsen sollen und sie, sobald dies nicht mehr der
Fall ist, in ein anderes Wachsthumsgesetz treten. Es hört dann
die freie Ausbildung der Krone auf und mit abnehmender Blatt=
masse geht der Zuwachs zurück. Damit verliert sich ein wesentlicher
Vortheil, den man dem Mittelwalde zubilligt nämlich, die höhere
Verzinsung des vorhandenen Materialkapitals.

Für unsere theoretische Berechnung des $n\,v$ ist die beschirmte
Fläche in Zehnteln der ganzen anzugeben; es ist also von der
Flächeneinheit bestanden o,S.

ad b. Für die Berechnung der Schirmfläche werden die seitlich

äußersten Kronenpunkte der Modellstämme projicirt auf den Erd=
boden und die Entfernungen vom Schaftmittelpunkte gemessen. Das
arithmetische Mittel daraus benutzen wir für die Berechnung. Bei
dieser kommt nun in Frage, ob die Schirmfläche als Quadrat,
Kreis oder irgend eine dazwischen liegende Figur angesehen werden
muß. Beim Kreise kommt man zu Resultaten, welche die Wahrheit
übersteigen, beim Quadrate zu solchen, die hinter ihr zurückbleiben.
Ersteres hat darin seinen Grund, daß man mit Kreisflächen, die
sich nur berühren, eine größere Ebene, als die des Kreises, nicht
vollständig bedecken kann. Es werden immer zwischen den Kreisen
unbedeckte Räume bleiben. Dividiren wir nun mit einer Kreis=
fläche, die dem gefundenen Kronendurchmesser entspricht, in die pro
Hektar bestockte Fläche von 8000 ☐ M., so würden wir ein Re=
sultat erhalten, welches von der Voraussetzung ausgeht, daß die
ganze Fläche, also auch die Zwischenräume, ausgefüllt sind,
ferner, daß sie zusammengelegt werden können und den Raum für
einen Baum geben, sobald ihre Summe gleich der als Kreis berech=
neten Schirmfläche des Stammes ist. Diese Voraussetzung ist
offenbar grundfalsch. Nimmt man nun die Schirmfläche des Stammes
als Quadrat, dessen Seite gleich dem gefundenen Kronendurchmesser
ist, so geht man ebenfalls von einer unrichtigen Voraussetzung aus,
denn die Krone nähert sich in ihrer Form vielmehr dem Kreise, als
dem Quadrate.

Wir müssen also eine andere Form als die richtige ansehen,
und sie muß zwischen diesen beiden Extremen liegen.

Aus nachstehender Figur ist nun auf den ersten Blick ersichtlich,
daß, wenn man die Zwischenräume bei den kreisförmigen Schirm=
flächen gleichmäßig auf die Kreise vertheilt, die Schirmfläche aus
dem Kreise sich verwandelt in das umschriebene reguläre Sechseck,
eine Form, die von der natürlichen Kronenfigur kaum abweicht und
die eine Stellung der Stämme erheischt, welche namentlich für kleine
Flächen, wie sie im Mittelwalde zur Cultivirung gelangen, längst
in Anwendung gekommen und für durchaus zweckmäßig erachtet ist,
nämlich die Dreieckspflanzung.

Die Schirmfläche sch ist demnach, wenn d den Durchmesser
des eingeschriebenen Kreises bezeichnet $= \frac{1}{2} d^2 \sqrt{3}$.

Hiernach ist sie in der Anhangstafel für Stämme mit Kronen=

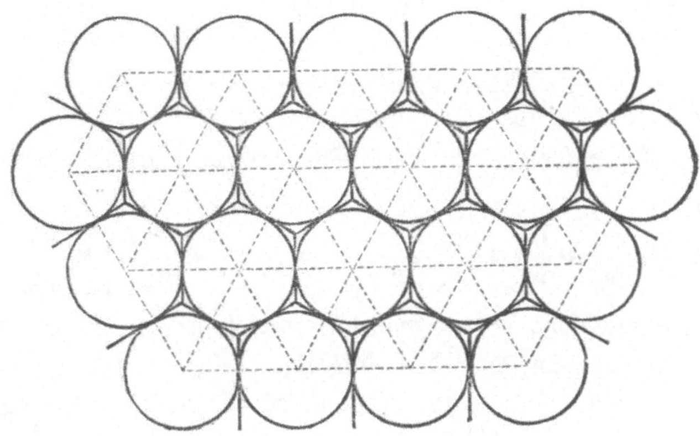

durchmesser von 2—20 m. in Abstufungen von halben Metern berechnet.

Durch Division mit sch in die nach Quadratmetern bestimmte Fläche jeder Altersklasse erhält man deren Stammzahl bei vollem Schluß; sie ist also $= \dfrac{F\,10000}{U\,.\,sch}$. Bei einem Schlusse von o,S wird sie aber $= \dfrac{F\,10000}{U\,.\,sch}$. o,S, welchen Ausdruck man umwandeln kann in $\dfrac{F\,10000}{U} : \dfrac{10\,sch}{S}$.

Der Bruch $\dfrac{10\,sch}{S}$ giebt den Wachsraum an. Setzen wir ihn $= W$ und den constanten Bruch $\dfrac{F\,10000}{U} = C$, so wird die Stammzahl $= \dfrac{C}{W}$. Ist nun die Masse des Modellstammes irgend einer Altersklasse $= M$, so ist die Masse der ganzen Klasse pro Schlag $= \dfrac{C\,M}{W}$.

Setzen wir jetzt den Inhalt eines Laßreises $= m_2$, den eines Oberständers $= m_3$ u. f. f., den eines Hauptbaumes $= m_n$ und dem entsprechend die Wachsräume $= w_2,\ w_3 \ldots\ldots w_{(n-1)},\ w_n$, so finden wir, wenn wir in die obige Formel anstatt M und W die Werthe m und w mit zugehörigem Index setzen, die Masse jeder Alters=

klasse ausgedrückt in den sehr einfachen Formeln $C \dfrac{m_2}{w_2}$, $C \dfrac{m_3}{w_3}$,

$$C \frac{m_4}{w_4} \cdots \cdots \frac{m_{n-1}}{w_{n-1}}, \; C \frac{m_n}{w_n}.$$

Der Normalvorrath v eines Schlages zur Zeit des Hiebes ist demnach

$$v = C \left(\frac{m_2}{w_2} + \frac{m_3}{w_3} + \frac{m_4}{w_4} + \; \cdots \cdots \; + \frac{m_{n-1}}{w_{n-1}} + \frac{m_n}{w_n} \right)$$

Zur Ermittelung des normalen Vorrathes für den ganzen Wald nehmen wir nun an, daß der einjährige Schlagzuwachs ζ bereits bekannt ist. Es würde dann offenbar der Vorrath jedes jüngeren Schlages gegen den nächstälteren um ζ geringer sein und der zweitälteste zur Zeit, wo der älteste v enthält, $v - \zeta$ ꝛc., der jüngste aber $v - (u - 1)\,\zeta$ enthalten.

Auf allen Schlägen zusammen steht demnach

$$u \left(v - \frac{u-1}{2} \zeta \right) \text{ oder, wenn } u\,\zeta = Z, \; u\,v - \frac{u-1}{2}\, Z.$$

Es bleibt nun der normale Zuwachs ζ zu bestimmen. Der Zuwachs, der pro Stamm erfolgt innerhalb eines Umtriebes,

$$\text{ist für die älteste Klasse offenbar} = m_n - m_{n-1}$$
$$\text{für die zweitälteste} = m_{n-1} - m_{n-2} \text{ u. s. f.}$$
$$\text{für Laßreiser} = m_2 - m_1$$

mithin für alle Stämme des Schlages

$$\frac{C}{w_n}\,(m_n - m_{n-1})$$
$$+ \frac{C}{w_{n-1}}\,(m_{n-1} - m_{n-2}) + \; \cdots$$
$$+ \frac{C}{w_3}\,(m_3 - m_2)$$
$$+ \frac{C}{w_2}\,(m_2 - m_1)$$

Der Zuwachs pro Jahr beträgt davon $\dfrac{1}{u}$. Wir erhalten daher die Gleichung

$$\zeta = \frac{C}{u} \left(\frac{m_n - m_{n-1}}{w_n} + \frac{m_{n-1} - m_{n-2}}{w_{n-1}} + \cdots + \frac{m_3 - m_2}{w_3} + \frac{m_2 - m_1}{w_2} \right)$$

und

$$Z = C\left(\frac{m_n - m_{n-1}}{w_n} + \frac{m_{n-1} - m_{n-2}}{w_{n-1}} + \ldots + \frac{m_3 - m_2}{w_3} + \frac{m_2 - m_1}{w_2}\right)$$

Durch letztere Gleichung finden wir den einjährigen des ganzen Waldes und zugleich den Umtriebszuwachs des Schlages.

Wir haben nunmehr die Grundlagen, welche die Ermittelung des Abnutzungssatzes ermöglichen und können zu diesem Theile der Betriebsregulirung für den Normalwald übergehen.

Der Normaletat ist mit dem normalen Zuwachse gleich.

Kennen wir diesen nun auch, so wissen wir doch noch nicht, wie wir den Hieb zu führen haben, um gerade nur ihn, nicht mehr und nicht weniger zu nutzen. Diese Kenntniß müssen wir uns aber noch erwerben, denn in der Gestalt, wie er wächst, ist er nicht zu entnehmen. Wir können nur zu seiner Nutzung gelangen, wenn wir eine bestimmte Anzahl von Stämmen fällen, also theils Vorrath, theils Zuwachs dem Walde entnehmen, und zwar muß soviel Vorrath geopfert werden, als wir Zuwachs in den stehenbleibenden Bäumen nicht nutzen, also wieder zum Kapital schlagen.

Angenommen nun wir hätten den Etat gehauen, so muß jede Altersklasse soviel Stämme behalten haben, wie sie in der nächstälteren haben muß, in die sie nach dem Hiebe eingerückt ist.

Die älteste Altersklasse hat über sich keine mehr, sie braucht also auch keine Stämme zu behalten und verfällt demgemäß der Art; die zweite behält die Stammzahl der ältesten u. s. f.

Die Nutzung ist also $\left(\dfrac{C}{w_n} - o\right) m_n$

$$+ \left(\frac{C}{w_{n-1}} - \frac{C}{w_n}\right) m_{(n-1)}$$

$$+ \left(\frac{C}{w_{n-2}} - \frac{C}{w_{n-1}}\right) m_{n-2}$$

$$+ \ldots \ldots$$

$$+ \left(\frac{C}{w_2} - \frac{C}{w_3}\right) m_2$$

Um die Richtigkeit zu beweisen, müssen wir zeigen, daß nach Ablauf des Unterholzumtriebes sich in dem Schlage wiederum derselbe Vorrath wie früher angefunden hat.

Für die älteste Klasse blieben stehen $\dfrac{C}{w_n}$ und $\dfrac{C}{w_{n-1}} - \dfrac{C}{w_n}$ werden von den $\dfrac{C}{w_{n-1}}$ Stämmen genutzt.

Von den $\dfrac{C}{w_n}$ Stämmen wächst jeder pro Jahr $\dfrac{1}{u}(m_n - m_{n-1})$ also im Laufe des Umtriebes $m_n - m_{n-1}$ zu. Da nun jeder mit der Masse m_{n-1} eintritt, so ist am Schlusse des Umtriebes sein Inhalt $m_{n-1} + m_n - m_{n-1} = m_n$.

Der Vorrath der Altersklasse ist also $\dfrac{C}{w_n} m_n$ d. h. dem normalen wieder gleich geworden.

Was für die älteste bewiesen ist, trifft auch bei jeder anderen zu. In die Klasse der Laßreiser rückt die Cultur und für diese muß die Kahlhiebsfläche, auf der die älteste Klasse stand, neu cultivirt werden. Die Nachhaltigkeit der Wirthschaft hängt demnach lediglich von ausreichender Cultur ab und es muß jede Fläche, die zur Hauptnutzung gelangt ist, wieder voll in Bestand gebracht werden.

Der Beweis, daß Z wirklich genutzt wird, indem man die angegebene Stammzahl haut, ist auch in anderer Weise zu führen.

Trägt man die Stammzahl jeder Altersklasse als Abscisse auf, und nimmt als Ordinate die Masse des zugehörigen Normalstammes, so erhält man in den Rechtecken aus den Koordinaten die Masse jeder Altersklasse vor dem Hiebe. Eingetreten in dieselbe ist jeder Stamm mit der Ordinate der jüngeren. Es ist also von jeder Klasse zugewachsen die oberste Schicht Rechtecke, der Figur nach

in der 8ten ...	a_8							
in der 7ten ...	b_8	b_7						
in der 6ten ...	c_8	c_7	c_6					
in der 5ten ...	d_8	d_7	d_6	d_5				
in der 4ten ...	e_8	e_7	e_6	e_5	e_4			
in der 3ten ...	f_8	f_7	f_6	f_5	f_4	f_3		
in der 2ten ...	g_8	g_7	g_6	g_5	g_4	g_3	g_2	
in der 1ten ...	h_8	h_7	h_6	h_5	h_4	h_3	h_2	h_1

Die in diesen Rechtecken dargestellten Massen sind also zu nutzen.

Nun stellt die Rechteckreihe mit dem Index 8 genau die Masse der ältesten (8) Altersklasse dar. Die Reihe mit dem Index 7 ist derjenigen Masse gleich, welche von der zweitältesten Klasse eingeschlagen wird. Denn die Stammzahl soll vermindert werden beim Hiebe um $\dfrac{C}{w_{n-1}} - \dfrac{C}{w_n}$; die Abscisse geht demnach zurück durch den Hieb und fällt in die der ältesten Klasse.

In der sechsten geht die Abscisse zurück auf die der 7. Klasse und die Rechteckreihe mit dem Index 6 wird gehauen u. s. f.

Wir nutzen also durch den Hieb der ältesten Klasse sowohl den Zuwachs, der an dieser innerhalb des letzten u erfolgt ist, als auch einen Theil des Zuwachses, den jede der anderen Klassen producirte, so wuchs Rechteck b_8 bei der 7., c_8 hingegen bei der 6., h_8 bei der jüngsten.

Die Nutzung in jeder jüngeren Altersklasse umfaßt den Rest des in ihr selbst erfolgten Zuwachses, der in den älteren durch den Hieb noch nicht genutzt ist und einen Theil des Zuwachses aus den jüngeren. Der letzten bleibt demnach nur noch ein kleiner Theil des lediglich von ihr producirten Zuwachses für die Erfüllung des Etats aufzubringen (Rechteck h_1).

a_8							
b_8	b_7						
c_8	c_7	c_6					
d_8	d_7	d_6	d_5				
e_8	e_7	e_6	e_5	e_4			
f_8	f_7	f_6	f_5	f_4	f_3		
g_8	g_7	g_6	g_5	g_4	g_3	g_2	
h_8	h_7	h_6	h_5	h_4	h_3	h_2	h_1

Durch den Hieb wird demnach jedes Rechteck und zwar einmal genutzt, mithin der gesammte Zuwachs nicht mehr und nicht weniger.

Es geht aus der Art, wie der Etat normaliter nur erfüllt werden kann, hervor, daß der Mittelwald zu seiner Erhaltung eine scharfe Heranziehung der jüngeren Altersklassen verlangt, denn nur dadurch wird es möglich, beim Eintritt in die ältere Altersklasse jedem Stamme den ihm zukommenden Wachsraum zu geben und die freie Entwickelung herbeizuführen. Wenn in der Praxis die Wichtigkeit dieses Hiebsmodus in so auffallender Form nicht hervortritt, so liegt es darin, daß bereits, ehe Schluß eintritt, nur mit dem zunehmenden Seitenschatten die Kronenausbildung sich allmälig ändert, die Verbreiterung des Schirms abnimmt und sich in Höhenwachsthum umsetzt. Daher können mehr Stämme pro Hectar stehen, als bei normaler Kronenweite möglich ist, ohne daß Hochwaldschluß eintritt und der Fehler ist nicht gleich bemerkbar. Vorhanden ist er deshalb doch und macht sich zum Schaden des normalen Mittelwaldes später schwer genug geltend.

III.

Ein Beispiel für den normalen Mittelwald.

———

Der Wald ist 200 Hectar groß, liegt in der Elbaue. Das Unterholz besteht aus Haseln, Hartriegel, Spindelbaum, hauptsächlich aber aus Dornen und findet sich ohne Cultur ein. Es kann daher die Mittelwaldwirthschaft beibehalten werden. Das Oberholz enthält nur Eichen.

A. Bestimmung des Unterholzumtriebes.

Die Ausschlagsfähigkeit der Stöcke reicht etwa bis zum 25. Jahre. Gesucht ist jedoch wegen der vielen Wasserbauten schwaches Faschinen=holz, wie es bei 12 jährigem Umtriebe producirt wird. Da der Wuchs auch vom 12. Jahre ab erheblich abnimmt, so ist u = 12 zu setzen.

B. Bestimmung des Oberholzumtriebes.

Der Zinsfuß, mit dem zum Mindesten der Werth der Bäume in der ältesten Klasse noch zunehmen soll, beträgt 1,5 %.

Ein Stamm von 100 Jahren hat bei 0,43 m. Durchmesser einen Massenzuwachs von 2,10 %, einen Werthszuwachs von 0,13 %. Ein solcher von 120 Jahren bei 0,53 Durchmesser einen Massenzu=wachs von 1,60 %, einen Werthszuwachs von 0,63. Ist der Stamm 140 Jahre alt geworden, so hat er 0,62 m. Durchmesser, 1,16 % Massen= und 0,50 Werthszuwachs. Im Alter von 160 Jahren sinkt bei 0,70 m. Durchmesser das Procent auf 0,92 resp. 0,20.

Dem geforderten Zinsfuße würde also ein Umtrieb entsprechen, der etwas über den 140 jährigen hinausliegt.

Da nun der Unterholzumtrieb auf 12 Jahre festgesetzt war und $U = nu$ sein muß, so kann $U = 144$ genommen werden.

C. Zahl der Schläge

ist gleich dem Unterholzumtriebe, mithin $= 12$.

D. Fläche jedes Schlages

da $F = 200$ Hect. $u = 12$, so ist dieselbe $= 16{,}67$ Hectar.

E. Zahl und Fläche der Altersklassen pro Schlag

ist $= 12$ resp. $1{,}39$ Hect., da $\dfrac{U}{u} = 12$ und $\dfrac{F}{U} = 1{,}39$.

F. Berechnung des normalen Vorrathes

a) für den ältesten Schlag kurz vor dem Hiebe.

Die Wachsthumsverhältnisse der Eichen sind derartig, daß Derbholz von der dritten Altersklasse, also von dem 25—36 Lebensjahre der Bäume an entfällt.

Es ist demgemäß die erste und zweite Klasse nur mit Fläche auszustatten und beginnt die Massenberechnung mit der dritten Altersklasse.

Alter vor dem Hiebe.	Fläche.		Kronen-Durchmesser. Meter.	Schluß.	Wachs-raum. Quadr.-Meter.	Stammzahl.		Masse		
	Hect.	Dec.				p. Hect.	im Ganzen.	b. Einzelstammes Fest-meter.	Dec.	i. Ganzen Fest-meter.
12	1	39	—	—	—	—	—	—	—	—
24	1	39	—	—	—	—	—	—	—	—
36	1	39	4,0	0,6	23	433	602	—	04	24
48	1	39	5,0	„	36	277	385	—	28	108
60	1	39	6,0	„	52	193	268	—	50	134
72	1	39	7,0	„	71	142	197	—	80	158
84	1	39	8,0	„	92	108	150	1	25	188
96	1	39	9,0	„	117	86	120	1	84	221
108	1	39	10,5	„	159	63	88	2	34	206
120	1	39	11,5	„	191	52	72	2	84	204
132	1	39	12,5	„	226	44	61	3	38	206
144	1	39	13,0	„	241	41	57	3	92	223
in Sa.	16	68								1672

Es stehen demnach pro Hectar und 100 Festmeter

b) für den ganzen Wald.

Der Zuwachs während eines Umtriebes beträgt in der

3. Altersklasse pr. Stamm 0,04 Festmeter mithin im Ganzen 24 Festm.

4.	"	"	"	0,24	"	"	"	"	92	"
5.	"	"	"	0,22	"	"	"	"	59	"
6.	"	"	"	0,30	"	"	"	"	59	"
7.	"	"	"	0,45	"	"	"	"	68	"
8.	"	"	"	0,59	"	"	"	"	71	"
9.	"	"	"	0,50	"	"	"	"	44	"
10.	"	"	"	0,50	"	"	"	"	36	"
11.	"	"	"	0,54	"	"	"	"	33	"
12.	"	"	"	0,54	"	"	"	"	31	"

Z ist demnach = 517 Festm.

und der Vorrath nach der Formel

$$V = uv - \frac{u-1}{2} Z$$

$$= 17220 \text{ Festmeter.}$$

G. Etat.

1. Für das Oberholz = Z = 517 Festmeter.

Es werden mithin von dem Gesammtwerthe 17220 fast genau 3 % genutzt, wenn auch nur 1,50 % Material und Werthszuwachs an dem ältesten Holze noch erfolgen.

Der Etat kommt auf durch Einschlag von

57	Stämmen der	12.	Altersklasse à	3,92 Festm.	= 223 Festmeter
4	"	"	11.	"	" 3,38	"	= 14	"
11	"	"	10.	"	" 2,84	"	= 31	"
16	"	"	9.	"	" 2,34	"	= 37	"
32	"	"	8.	"	" 1,84	"	= 59	"
30	"	"	7.	"	" 1,25	"	= 37	"
47	"	"	6.	"	" 0,80	"	= 38	"
71	"	"	5.	"	" 0,50	"	= 36	"
117	"	"	4.	"	" 0,28	"	= 33	"
217	"	"	3.	"	" 0,04	"	= 9	"

in Sa. 602 Stämme   517 Festmeter Derbholz.

2. Für das Unterholz:

Der letzte Hieb lieferte 133 Festmeter Reisig; da die Verhält=
nisse normal geblieben sind, so werden auch fernerhin entfallen:
133 Festmeter.

Wäre die Schlageintheilung geändert und setzte sich der jetzt
taxirte Schlag zusammen aus zwei Trennstücken alter Schläge von
10 resp. 6,67 Hectar Größe und mit einem Durchschnitts=Endertrage
von 9 resp. 6 Festmetern, so würde die Nutzung zu schätzen sein auf

$$10 . 9 + 6 . 6{,}67 = 130 \text{ fm.}$$

IV.

Der wirkliche Mittelwald im Gegensatz zum normalen.

Von dem Bilde, das wir von dem Normalwalde gaben, unter=
scheidet sich der reale Mittelwald fast in jedem Punkte mehr oder
minder wesentlich; zuerst in der Eintheilung. In der Praxis können
wir den Wald als ein Ganzes, welches direct in Schläge theilbar
ist, meistentheils nicht behandeln. Es ruft vielmehr die des Schutzes
halber nothwendige Eintheilung in Beläufe auch eine durchgreifende
Theilung des Revieres für die Bewirthschaftung hervor. Denn es
muß darauf gesehen werden, daß jeder Förster in jedem Jahre Hauun=
gen und Kulturen hat, und da es unzweckmäßig ist, den Umfang
gerade dieser Geschäfte erheblich in den einzelnen Jahren schwanken
zu lassen, so muß jeder Belauf, wenn es irgend geht, mit ganzen
Blöcken abschließen, also mindestens einen Block enthalten. Werden
dabei die Schläge zu groß oder verlangt der Absatz, daß an mehreren
Stellen gehauen wird, lasten auf dem einen Theil noch Servituten,
ist der Boden in dem einen Reviertheile bedeutend geringer, als im
anderen, oder liegt ein Theil im Inundationsgebiete der andere nicht,
so werden diese und ähnliche Gründe die Zerlegung eines Belaufes
in zwei oder mehrere Blöcke veranlassen.

Bei der weiteren Eintheilung in Schläge müssen die localen
Verhältnisse berücksichtigt werden. Vor Allem ist das Wegenetz zu
Trennungslinien zu benutzen, bei parcellirter Lage wird man es zu
vermeiden suchen, einem Jahresschlage Theile verschiedener Parcellen
zuzuweisen nur deshalb, um jedem gleichviel Fläche zu geben. Es
geht daraus hervor, daß die normale Jahresschlagfläche $\frac{F}{u}$ resp.

$\dfrac{1}{u}$ Blockfläche nicht häufig als wirkliche Schlagfläche ausgeworfen werden kann. Immerhin aber muß der Werth für Wald und Block berechnet und danach gestrebt werden, demselben möglichst nahe zu kommen.

Mit der abweichenden Schlagfläche ändert sich entsprechend die Fläche jeder Altersklasse innerhalb der einzelnen Schläge, so daß dieselbe nicht mehr $\dfrac{F}{U}$, sondern wenn die Größen der Schläge bezeichnet werden mit

$$f_1 \quad f_2 \quad f_3 \quad \ldots \ldots \quad f_u \qquad \text{den Brüchen}$$

$$\frac{f_1}{n} \quad \frac{f_2}{n} \quad \frac{f_3}{n} \quad \ldots \ldots \quad \frac{f_u}{n} \qquad \text{gleich werden.}$$

Da übrigens $f_1 \, f_2 \ldots f_u$ in Summa wieder die Fläche einer Schlagreihe geben, so muß eigentlich trotz der abweichenden Schlagflächen jede Altersklasse im Ganzen die Fläche

$$u\,\frac{F}{U} = \frac{F}{n}$$

wie im Normalwalde erhalten.

Solche Vertheilung ist jedoch selten zu finden und um so seltener, als bisher noch gar nicht darauf gesehen ist, jedem Alter gleiche Ansprüche an die Fläche einzuräumen. So wie Wald jetzt in den meisten Fällen steht, finden wir fast immer gegen unsere Normalzahlen an jüngeren Bäumen ein Minus, an älteren ein Plus. Deshalb ist es um so wichtiger die Normalzahlen als Directive für die Wirthschaft zu kennen. Und sie gehören dann recht eigentlich in den Betriebsplan hinein, damit jeder Wirthschafter darüber klar ist, wie weit er noch von dem normalen Zustande entfernt ist, ob diese oder jene Klasse eine Verminderung der Stammzahl fordert oder bei der Auszeichnung nicht nur zu schonen ist, sondern ihre Stämme auch so gestellt werden müssen, daß sie möglichst gute Wachsthumsbedingungen erhalten, um rasch den normalen Vorrath bei dem Aufrücken im Alter herzustellen.

Für die Praxis bedarf es eines so complicirten Verfahrens, wie das angewandte, nicht, um die Summe des normalen Vorrathes pro Hectar zu finden, ihr steht der Wald in seiner mannigfaltigen Form vor Augen und zu Gebote und sie weiß aus ihm selbst, was

als Normalvorrath anzusprechen ist. Es erscheint daher am passend=
sten, den Normalvorrath nach geeigneten Probestücken oder nach
pro Flächeneinheit gültigen Erfahrungssätzen in seiner Summe zu
ermitteln und diese für das Ziel der Wirthschaft festzuhalten. Wir
lassen hier also jede theoretische Berechnung fallen, gebrauchen sie
hingegen für die Zerlegung des Gesammtvorrathes in Einzelvorräthe
jeder Altersklasse, wenn auch in modificirter Form. Diese Modi=
ficirung ist deshalb nothwendig, weil wir es in der Praxis fast immer
mit gemischten Beständen zu thun haben und die einzelnen Holzarten
häufig weder dieselbe Kronenausbildung besitzen, noch in demselben
Umtriebe bewirthschaftet werden. Wir wollen auch nicht unerwähnt
lassen, daß wir für den Normalwald bezüglich des Schlusses, der
Kronenausbildung und des Wachsraumes Verhältnisse unterstellen,
deren Vorkommen in der Praxis unmöglich ist.

Auch die Zuwachsermittelung stellt sich in Wirklichkeit anders
dar, als in der Theorie, denn in dieser haben wir in jeder Alters=
klasse nur Normalstämme, von denen jeder eine ebensoviel Inhalt
hat, wie der andere und innerhalb u Jahren zu dem Inhalte des
Stammes in der nächsten Altersklasse heranwächst, während wir dort
einer Fülle von Baumformverschiedenheiten und demgemäß Zuwachs=
verhältnissen begegnen, die selbst die Anwendung der Resultate aus
einzelnen Modellstämmen nicht sicher genug erscheinen lassen. Der
Theorie nach würden wir den Zuwachs aus $m_x - m_{x-1}$ finden.
Wir brauchen dazu Erfahrungstafeln. Nun haben wir zwar solche,
und ebenso gut wie wir nach ihnen den Inhalt eines Stammes von
3 u Jahren mit dem Durchmesser δ_1 und den von 4 u mit dem
Durchmesser δ_2 entnehmen, können wir auch die Differenz dieser
beiden Stämme in Rechnung stellen und von dieser sagen, daß der
Stamm mit δ_1 Durchmesser nach u Jahren δ_2 Durchmesser haben
wird und um die Differenz zugewachsen ist. Und doch genügen
unsere Stammtafeln in ihrer jetzigen Form nicht, um sie für die
Zuwachsaufrechnungen zu benutzen, weil die Stufen darin zu groß
sind. Burckhardt's Stammtafeln geben z. B. nur Inhalte für
Stämme mit geraden Centimeterzahlen im Durchmesser und geraden
Metern in der Höhe.

Wenn wir nun auch bei der Kluppung der Bäume auf ganze
Centimeter abrunden, weil der Stamm mit seinen Unebenheiten in

der Rinde, seinem Flechtenüberzuge und seiner oft elliptischen und nicht dem Kreise entsprechenden Form sich in einem kleineren Maße nicht mehr genau ansprechen läßt, so würden wir doch gewaltig falsche Resultate erhalten, wenn wir auch den innerhalb eines Umtriebes erfolgenden Durchmesserzuwachs auf ganze Centimeter abrunden und demnach die Differenz $m_x - m_{(x-1)}$ aus unseren Tafeln berechnen wollten. Die Durchmesserzunahme ist durch die Holzringe festgelegt und mit Genauigkeit auf Millimeter meßbar. Wir wissen daher genau, welchen Durchmesser der Stamm vor einer Anzahl von Jahren hatte, wenn wir den jetzigen kennen, und vermögen mit großer Sicherheit aus der Zunahme in den letzten auf die in den nächsten Jahren zu schließen. Bei der Zuwachsberechnung operiren wir deshalb mit Durchmessern, die in Millimetern ausgedrückt sind, und brauchen Tafeln, die uns den Inhalt des Stammes demgemäß genau angeben.

Solche Tafeln fehlen natürlich. Wir könnnen uns daher nur helfen in der Weise, daß wir als brauchbar erwiesene, in großen Abstufungen fortschreitende Tafeln als festes Gerippe annehmen und die fehlenden Zwischenglieder interpoliren.

Trotzdem wird man nicht von einer örtlichen Untersuchung, ob die so entstandene Tafel im Specialfalle brauchbar ist, absehen. Erhebungen über Zuwachs an Durchmesser und Höhe werden dennoch stattfinden, und dadurch gewinnen wir ein Material, durch welches wir mit großer Sicherheit die Zuwachsaufrechnung nach Procentsätzen ausführen können, ein Verfahren, das namentlich durch Preßler eine hohe Ausbildung erfahren hat und bei dem zeitigen Stande der Dinge den Vorzug verdient.

Unzuverlässig wird die Berechnung nur, wenn wir den Zuwachs nach dem gefundenen Procente auf sehr lange Zeiträume berechnen. Für unsere Mittelwaldumtriebe, die sich doch selten nur über 20 Jahre ausdehnen, ist die Verwendbarkeit unzweifelhaft. Freilich werden unsere Betriebspläne oft genug größere Zuwachsprocente aufnehmen müssen als bisher, wenn nicht die Uebelstände zu niedriger Etats fort und fort auf den Mittelwald schädlich einwirken sollen.

Die Massenreihe der Modellstämme in unserem Normalwalde ist gewiß nicht übertrieben hoch und doch ergeben sich aus ihr folgende Zuwachsprocente:

für Altersklasse V pro Umtrieb 79,3 % pro Jahr 6,6 %

"	"	VI	"	"	60,0 %	"	"	5,0 %
"	"	VII	"	"	56,2 %	"	"	4,7 %
"	"	VIII	"	"	47,2 %	"	"	3,9 %
"	"	IX	"	"	27,2 %	"	"	2,3 %
"	"	X	"	"	21,4 %	"	"	1,8 %
"	"	XI	"	"	19,0 %	"	"	1,6 %
"	"	XII	"	"	16,0 %	"	"	1,3 %

also Sätze, die einen kräftigen Massenzuwachs erweisen und, da dieser bei hergestelltem Normalvorrathe genützt werden kann, ein dem Vorrathe gegenüber hohen Abnutz zulassen.

Bei dieser Berechnung hatten wir es jedoch nur mit Normalstämmen zu thun. Das ändert sich natürlich im wirklichen Walde und zwar mit dem Effect, daß der Zuwachs und damit der Etat um Etwas hinter dem normalen zurückbleibt. Diese Erscheinung erklärt sich daraus, daß bei der Unmöglichkeit, jedem Stamme stets den regulären Sechseckswachsraum zu geben, die Stämme bald lichter bald dichter stehen müssen. Nun wächst der Normalbaum aber schon in sehr gelockertem Schlusse empor, so daß der Lichtungszuwachs ihm bereits zu Theil wird. Bei noch raumerer Stellung nimmt deshalb der Zuwachs nicht weiter oder doch nur in sehr geringem Maße zu, so daß dadurch derjenige, der an Stämmen dichter stehender Gruppen verloren geht, nicht gedeckt wird. Im Ganzen erleiden wir also ein Minus im Zuwachs gegen den normalen.

Hauen wir nun den Etat nach Stammzahl, so wird dabei dieser Ausfall berücksichtigt. Wohl jeder Wirthschafter wird nämlich für den Ueberhalt die besten kräftigsten, möglichst normal gewachsenen Stämme wählen und daher die unterdrückten, zurückgebliebenen oder schwächeren mitwachsenden Stämme fortnehmen, das sind aber diejenigen, an denen der geringere Zuwachs erfolgte.

Nun ist der Hieb nach Stammzahl aber ein von der Praxis verworfener, wir müssen also nach der Masse hauen.

Offenbar würde dann, wenn wir den Zuwachs für die Umtriebszeit wie den normalen berechnet hätten, zur Erfüllung des Etats eine größere Stammzahl nöthig sein. Es müßte deshalb entweder in jeder Altersklasse stärker gehauen werden oder, was in der Praxis das häufigerer sein würde, weil sie einmal schwer an den scharfen Hieb in mittelalten Hölzern heranzubringen ist, es würde der Hieb um so schärfer die ältesten Klassen treffen. Der Vorrath aber muß abnehmen.

Um normale Verhältnisse — wenn solche vorhanden — weiter zu behalten, muß demnach in praxi der Etat etwas gegen den normalen Zuwachs zurückbleiben.

Endlich ist im Normalwalde der einmal entwickelte Etat, so lange die Wirthschaftsprincipien unverändert bleiben, derselbe. Nach Ablauf des Unterholzumtriebes ist genau derselbe Waldzustand vorhanden, wie vor u Jahren und es trifft daher der Normaletat auch weiter zu.

Anders ist es in Wirklichkeit. Dort wechselt das Waldbild mit jedem Umtriebe in ganz bedeutender Weise und es muß deshalb auch für jeden Umtrieb die Etatsberechnung diesen anderen Verhältnissen gemäß neu aufgestellt werden.

Bei dem häufigen Wechsel in Vorrath, Zuwachs und Etat ist es um so dringender nothwendig, daß die Resultate, welche eine Vergleichung des Ist- und Sollhiebes, des Ist- und Soll-Ueberhaltes, mit einem Worte der Erfolge der Wirthschaft mit ihren Anschlägen liefert, genau verzeichnet und für die weitere Betriebsregulirung nutzbar gemacht werden.

Wir müssen also für den wirklichen Mittelwald ein Controlbuch haben, in dem geprüft wird, wie weit die Unterlagen der Abschätzung und die Etatsberechnung mit den Resultaten des Hiebes übereinstimmen resp. von einander abweichen. Das hierbei sich ergebende Material benutzen wir, um für die durch Nutzung und Verjüngung hervorgerufenen neuen Verhältnisse im Schlage einen entsprechenden Abnutzungs-Satz zu berechnen.

Wir wollen nun auf die hauptsächlichsten der berührten Differenzpunkte näher eingehen.

V.

Die Ermittelung des vorhandenen Vorraths.

———

Die Bestandsaufnahme hat den Zweck, vollständige Auskunft über den Vorrath an Oberbaum in jeder Altersklasse zu geben; sie darf sich daher nicht nur bis zu einer beliebig gewählten Grenze erstrecken, also beispielsweise nur die Stämme berücksichtigen, die in Brusthöhe einen Durchmesser von 15 oder 20 Centimetern und darüber haben, sondern muß alle Altersklassen bis herab zur jüngsten umfassen. Nun erstreckt sich die Schätzung aber nur auf Derbholz, und da die jüngste mit dem Unterholze zusammenwachsende Klasse keinen Falls, die Laßreiser nur selten Derbholz haben, so ist die Masse dieser nicht darstellbar, und wir lassen deshalb wie im Normalwalde bei ihnen die Fläche eintreten, ermitteln diese, um die Sicherheit zu gewinnen, daß unsere Wirthschaft nicht nur das vorhandene Kapital verzehren, sondern auch nachhaltig für dessen Ersatz sorgen will. Der häufig in unseren Abschätzungswerken gefundene Vermerk: Nachwuchs ist in genügender Menge vorhanden, hat bei den weit auseinandergehenden Ansichten über den Werth genügend soviel wie keine Bedeutung.

Gegen die Flächenbestimmung wird vielleicht der Einwand erhoben, daß es unmöglich sei, sie auszuführen, weil die Stämmchen der betr. Klassen zu zerstreut über den Schlag vertheilt stehen. Wir wollen dagegen aber nur eins anführen: In unseren Elb-Auewäldern haben wir keine ausreichende natürliche Besamung. Wir sind also dort auf künstliche Nachzucht angewiesen und verlangen von jedem Förster, daß er zur Aufstellung der Culturpläne Vorschläge macht, worin nicht nur anzugeben ist, ob Heistern oder

Lohden gepflanzt werden sollen, sondern auch wie der Verband sein soll und wie viel Pflanzen unter Annahme desselben gebraucht werden. Der Förster muß also die Fläche kennen und er findet sie entweder nach Augenmaß, oder indem er die zur Berechnung nöthigen Dimensionen ausschreitet, kurz er gewinnt die Kenntniß mit den einfachsten Mitteln. Die Praxis aber zeigt, daß die Angaben der Förster im Ganzen recht brauchbar sind.

Wenn der Förster das fast ohne Hülfsmittel zu Wege bringt, werden auch wir wohl im Stande sein, die Flächen anzugeben, man verlange sie nur nicht nach Quadratmetern genau, sondern begnüge sich mit Dekaaren oder Aren.

Von der Altersklasse an, in der sich zuerst Derbholz, also ein darstellbarer Vorrath findet, muß die Masse durch specielle Messung, Zählung und Berechnung nach einer aufzustellenden Stammmassenreihe ermittelt werden. Wenden wir uns zunächst zur Aufstellung dieser letzteren. Es ist dabei folgendermaßen zu verfahren:

a) Bei gleicher Bonität im Walde.

Wir ermitteln zuerst generell für jede Holzart

1. welche Durchmesser, in Brusthöhe gemessen, jede Altersklasse umfaßt und

2. welche Höhe zu diesen Durchmessern gehört.

ad 1. Man mißt an guten, wüchsigen Probestämmen der ältesten Klasse in Brusthöhe den Durchmesser ohne Rinde auf Millimeter und stellt durch Auszählen der Jahrringe und Messung fest, wie viel der Stamm zugewachsen ist, so lange er in der ältesten Klasse steht und darauf, wie viel er von u zu u Jahren weniger Durchmesser gehabt hat. So erhält man den rindenlosen Eintrittsdurchmesser für jede Altersklasse. Die Stärke der Rinde wird ebenfalls möglichst genau gemessen und angenommen, daß der Stamm in jeder Altersklasse gleich viel davon producirt hat. Ist der ältesten dann die volle Rindenstärke rs zuzusetzen, so erhält jede jüngere $\frac{rs}{n}$ weniger.

Das Resultat für die berindeten Stämme, das demnach auf

Millimeter ausgebracht ist, runden wir auf den nächsten geraden Centimeter ab[1]).

Die Brauchbarkeit der aus der Vergangenheit gefundenen Zahlen für die gegenwärtigen Verhältnisse prüfen wir nun noch dadurch, daß wir an jüngeren, wiederum gutwüchsigen und im Mittelwaldstande erwachsenen Stämmen den Durchmesser messen und ihn mit dem vorher gefundenen vergleichen. Erhält man bei diesen Untersuchungen nicht erhebliche Abweichungen, so läßt man die aus den alten Stämmen gefundenen Zahlen bestehen.

ad 2. Die Erhebungen werden an denselben Stämmen, die wir vorhin benutzten, vorgenommen und nur, wenn deren Zahl zur Erlangung genügender Resultate nicht ausreicht, noch weiter ausgedehnt.

Wir wollen die Höhen durch theilweise Stammanalysen finden und folgenden Grundsatz festhalten: Die Untersuchungen dürfen die Art des Einschlags nicht modificiren, sondern es sollen die Stämme ganz in derselben Weise aufgearbeitet werden, wie es geschehen würde, wenn die Untersuchungen nicht gemacht würden, denn es läßt sich nicht rechtfertigen, daß man, um die Wuchsverhältnisse des Schafts zu studiren, ein werthvolles Nutzende opfert und seinen Werth erheblich vermindert, während man auch auf anderem Wege vollständig zum Ziele gelangt.

Muß der Baum einmal ganz zerschnitten werden, um so besser für unsere Untersuchungen, dann wird von Meter zu Meter die Zahl der Jahrringe ermittelt und die Differenz der Zahlen von zwei aufeinander folgenden Schnitten giebt die Zahl der Jahre an, in der der Stamm um die Länge der Trumme wuchs.

Soll von dem Stamme hingegen ein Nutzende liegen bleiben, so zählen wir bei diesem nur die Ringe am unteren und oberen Ende, ziehen die für das letztere von der für das erste erhaltenen Zahl ab und haben in der Differenz die Anzahl der Jahre, binnen welcher der Baum um die Länge des Nutzstückes wuchs. Der Brennholzschnitt giebt für die übrige Lebenszeit des Baumes detaillirtes Material. Die Lücke in den Erhebungen ergänzen wir dadurch, daß wir an gleichartig gutwüchsigen jüngeren Stämmen die Erhebungen

---

[1]) cfr. Abschnitt X sub A.

wiederholen. Indem wir dabei immer mehr im Alter abwärts steigen, werden wir trotz der liegen bleibenden Nutzenden schließlich doch vollständig für unsere Zwecke genügendes Material erhalten.

Wir construiren uns jetzt die Höhenwuchscurve und lesen von dieser ab, mit wieviel Dezimetern die Stämme in die Altersklassen eintreten und runden die erhaltenen Zahlen auf den nächsten halben Meter ab[1]). Die so gefundene Höhe gilt für sämmtliche Stämme der betreffenden Altersklasse.

Wir haben uns nun zu entscheiden, ob wir unsere Massenreihe ganz aus dem Walde oder unter Benutzung anderer Stammtafeln ermitteln wollen.

Ersteren Falls sind an allen Stämmen, die auf Höhenwuchs untersucht sind, die Derbholzformzahlen zu berechnen. Das für jede Altersklasse dabei sich ergebende arithmetische Mittel (φ) wird benutzt, um die Massenreihe aus dem Ausdrucke G. h. φ aufzustellen.

Wollen wir uns hingegen an eine vorhandene Tafel anlehnen, so genügt Höhe und Durchmesser und wir entnehmen aus der Mutter= tafel entweder ganz direct die Masse, wenn die von uns gebildeten Stufen mit denen der Tafeln übereinstimmen, oder erhalten sie theils direct, theils durch Berechnung der Zwischenglieder.

Die Form der Aufstellung ist aus dem Beispiele (sub. B desselben) ersichtlich.

b) Bei ungleicher Bonität im Walde:

ist vor allen Dingen zu entscheiden, wieviel Stufen wirklich vor= handen sind. Für jede müssen dann die vorherbesprochenen Arbeiten besonders gefertigt werden.

Nur erhebliche Wachsthumsunterschiede können die Ausscheidung verschiedener Reihen und die Ausdehnung der bezüglichen Erhebungen rechtfertigen, geringere müssen um so mehr übergangen werden, als bei der Fortführung der Wirthschaft durch Benutzung der Hiebs= resultate die feineren Bonitätsunterschiede sich von selbst durch den in Abtheilung III des Controlbuchs für jeden Schlag zu berechnenden Berichtigungsfactor[2]) der Massenreihe ergeben und wir nach Voll=

---

[1]) Vergl. sub A Abschnitt X.
[2]) Vergl. Abschnitt XI.

enbung eines Unterholzumtriebes die zuerst generell aufgestellte Massen=
reihe für jeden Schlag speciell umgeformt haben.

Es folgt jetzt die specielle Massenermittelung. Das Oberholz
wird dazu schlagweise mit der Genauigkeit ausgekluppt, mit der die
anzuwendende Stammtafel berechnet ist. Weiter zu gehen, wäre
widersinnig und würde die Arbeit nur erschweren, ohne Fehler zu
umgehen.

Nach der Kluppung wird das darüber geführte Manual abge=
schlossen und die Masse berechnet, indem wir die Stammzahl, die
wir für jede Durchmesserstufe fanden, mit der zugehörigen aus der
aufgestellten Massenreihe entnommenen Einheitsmasse multipliciren.
Durch entsprechende Addition der so gefundenen Producte ergibt
sich die Masse jeder Altersklasse, die in die specielle Beschreibung
aufzunehmen ist[1].

Umfaßt z. B. die Altersklasse X für Eichen die Durchmesser=
stufen 66, 68, 70 Ctm. und haben wir gefunden resp. 20, 50, 100
Stämme, so ist die Masse der ganzen Klasse, wenn die resp. Ein=
heitsmassen betragen

$$
\begin{array}{ccc}
4{,}19 \text{ Festm.} & 4{,}48 \text{ Festm.} & 4{,}78 \text{ Festm.}
\end{array}
$$

$$
\begin{aligned}
20 \,.\, 4{,}19 &= 83{,}80 \text{ Festm.} \\
50 \,.\, 4{,}48 &= 224{,}00 \quad '' \\
100 \,.\, 4{,}78 &= 478{,}00 \quad '' \\
\hline
\text{in Summa} \quad & 785{,}80 \text{ Festm.}
\end{aligned}
$$

Das durch die Massenaufnahme gewonnene Material giebt nun
für die Bewirthschaftung die wichtigsten Fingerzeige und es muß
deshalb in so ausführlichem Maße, wie möglich dem Wirthschafter
zugänglich gemacht werden.

Es ist daher rathsam in den Betriebsplan den Vorrath jeder
Altersklasse nach Masse und Stammzahl einzutragen[2].

Finden dann noch die Normalzahlen Aufnahme, so ist Jedem,

---

[1] Vergl. sub D und F Abschnitt X.
[2] cfr. sub F daselbst.

der das Abschätzungswerk zur Hand nimmt, wirklicher Befund im Walde und Ziel der Wirthschaft klar.

Diese Notizen werden für den Revierverwalter um so wichtiger, als er zur Zeit, wo er den Hiebsplan aufstellt, nämlich im Sommer, des noch stehenden Unterholzes halber draußen im Walde nur schwer einen Ueberblick über den Vorrath und die Altersklassenvertheilung gewinnen kann.

Nach beendigter Massenberechnung wird der Vorrath jedes Schlages in der projectirten Reihenfolge der Schläge, wie das nach=stehende Schema zeigt, eingetragen. Addiren wir dann die im gleichen Jahre zum Durchhiebe gelangenden Vorräthe, so müssen die ersten Schläge, weil in ihnen der volle Zuwachs mit eingeschlossen ist, Vorräthe haben, die um $\frac{Z}{2}$ über dem Durchschnitt stehen, die mittleren aber ungefähr den Durchschnittsvorrath aufweisen und die letzten $\frac{Z}{2}$ weniger enthalten. Z wird hierfür, da es uns noch un=bekannt ist, geschätzt.

Ergeben sich nun gegen die Sollzahlen erhebliche Differenzen, so wird durch Verschieben eine möglichste Annäherung zu erreichen versucht. Gelingt es, so kann man annehmen, daß die Etats der einzelnen Jahre sich ziemlich gleich bleiben und noch zu Tage tretende Differenzen durch einige weitere Verschiebungen beseitigt werden. Diese werden nach der Etatsberechnung vorgenommen und bis dahin bleibt die endgültige Nummerirung der Schläge auszusetzen.

Nehmen wir z. B. Z = 24 % an d. h. also ζ, den Schlag=Jahreszuwachs bei 12 jährigem Umtriebe = 2 % und haben wir bei 4 Blöcken einen durchschnittlichen Vorrath der gleiche Nummer tra=genden Schläge von 8521 Festm., so würden demnach die Schläge I in Summa haben müssen 8521 + 8521. 0,12 = 9544, die Schläge XII hingegen 8521 — 8521. 0,12 = 7498. Jede höhere Schlagnummer muß gegen die nächstniedrige weniger Vorrath haben:

$$\frac{9544 - 7498}{11} = 186.$$

	Projectirte Schlagnummerirung.						Nummerirung nach der Verschiebung.					
	Block.				Summa.			Block.				Summa.
Schlag.	I.	II.	III.	IV.	Ist.	Soll.	Schlag.	I.	II.	III.	IV.	
I	896	5026	747	1737	8406	9544	I	1578	5026	1225	1737	9566
II	1578	6007	1225	1710	10520	9358	II	896	6007	747	1710	9360
III	513	4481	794	1791	7579	9172	III	513	6095	794	1791	9193
IV	1013	4324	2277	868	8482	8986	IV	1013	6294	796	868	8971
V	1079	6095	796	936	8906	8800	V	1079	4481	2277	936	8773
VI	1235	6294	879	2134	10542	8614	VI	1235	4324	879	2134	8572
VII	631	4611	2244	2166	9652	8428	VII	631	4611	1026	2166	8434
VIII	1080	3917	1026	1029	7052	8242	VIII	1080	3917	2244	1029	8270
IX	824	3325	1960	1606	7715	8056	IX	824	3325	1960	1911	8020
X	1065	4279	875	1911	8130	7870	X	1065	4279	875	1606	7825
XI	994	2958	1423	1777	7152	7684	XI	994	2958	2064	1777	7793
XII	1108	3137	2064	1813	8122	7498	XII	1108	3137	1423	1813	7481
Sa.	12016	54454	16310	19478	102258	105252		12016	54454	16310	19478	102258
Durchschnittl.	1001	4538	1359	1623	8521	8521		1001	4538	1359	1623	8521

VI.

Wie der Zuwachs festzustellen ist.

Die Ermittelungen über den Zuwachs müssen zwar mit Genauig=
keit und auch so umfassend, wie möglich angestellt werden, weil auf
ihnen die einzige Möglichkeit ruht einen begründeten Etat aufzustellen,
wir dürfen aber darin auch nicht zu weit gehen, denn mit absoluter
Genauigkeit läßt sich doch die Masse nicht ausbringen. Das Man=
gelnde muß auch hier, das die Abschätzung prüfende und fortführende
Kontrolbuch ersetzen.

Die Anstellung der Berechnungen ist im Mittelwalde deshalb
dem Hochwalde gegenüber schwieriger, weil der wechselnde mehr oder
minder räumliche Stand des Oberbaumes eine so außerordentlich
vielgestaltige Ausformung des Baumes erlaubt und mit sich führt,
daß wir in jeder Altersklasse wesentlich verschiedene Kategorieen von
Stämmen leicht herausfinden können. Dann äußert sich aber auch
der Einfluß des Jahres auf die einzelnen Stämme viel lebhafter,
weil ihre Lebensorgane, Blätter und Wurzeln, weit größere Ausdeh=
nung haben als im Hochwalde.

Finden wir in diesem für bestimmte Lebensperioden und Verhält=
nisse auch eine fast bestimmte, gleiche Jahrringbreite, die nur durch
ganz ungewöhnliche für den Hochwald günstige Jahre zu=, durch in
gleichem Maße ungünstige oder Kalamitäten abnimmt, so schwankt
die Jahrringbreite im Mittelwalde je nach der Güte des Jahres
unter sonst gleichen Verhältnissen viel lebhafter.

Wird im Hochwalde die Durchforstung in einen Bestand einge=
legt, so ist das ·ja auch am Zuwachs des stehenbleibenden zu spüren,
aber verhältnißmäßig wenig, weil wir nur die beherrschten Stämme,

die eigentlich den Wachsraum nicht mehr beeinträchtigen, fortnehmen und die dominirenden nur wenig an Kronenraum gewinnen. Anders im Mittelwalde, dort schafft ein Hieb wirklich der Krone neuen, erheblich vermehrten Wachsraum und das zuströmende Licht weckt eine Fülle von Blättern, so daß auch der Zuwachs steigen muß. Je weiter ab vom Hiebe, um so mehr schließt sich der Wald wieder und mit dem Schlusse nimmt auch allmälig Wachsraum, Blattmenge und Lichtgenuß ab und in Wirkung davon der Zuwachs.

So erhalten wir denn bei solchen Stämmen, die wirklich im Mittelwaldstande erwachsen sind, der Regel nach in Folge des Hiebes sehr breite Jahrringe, die allmälig abnehmen, bis nach Ablauf von u Jahren mit Einlegung des Hiebes abermals die Jahrringe plötzlich sich wieder verbreitern.

Ab und zu findet man Stämme, die dieses plötzliche Steigen und allmälige Sinken in ganz wunderbarer Weise zeigen, so daß man sofort daraus ersehen kann, in welchem Umtriebe das Unterholz früher und jetzt bewirthschaftet wurde und wird. Mitunter freilich wird auch hier das Gesetz gestört, vielleicht dadurch, daß nach dem Hiebe Dürre, Frost oder ein Fraß folgte. Dann sind die Jahrringe schmal. Oft findet sich auch eine plötzliche starke Zuwachsvermehrung in einem oder zwei Jahren mitten unter schmalen Ringen, herrührend von irgend welcher durch Windfall oder andere Ursachen herbeigeführten Freistellung oder von einer fruchtbringenden Ueberschwemmung; kurz so viel gestaltig wie der Wald, so ist auch sein Zuwachs und um so sorgfältiger ist zu erwägen, welches das rationellste Verfahren ist, ihn zu berechnen.

Halten wir als Regel fest, daß die Jahrringe nach Einlegung des Hiebes am stärksten und kurz vor dem Hiebe am schmalsten sind, so ist anzunehmen, daß wir am ersten Hoffnung haben zu richtigen Resultaten zu kommen, wenn wir der Berechnung ebenso viel Jahre unterlegen, als u beträgt.

Wir schließen dann eine ganze Zuwachsperiode ein und haben in jedem Falle die starken Jahrringe nach, wie die schwachen vor dem Hiebe berücksichtigt. Zuwachsaufrechnungen, bei denen als Grundlage die Frage gelöst wird: wieviel Jahrringe gehen auf ein bestimmtes Maß, müssen zu ungünstigeren Resultaten führen, denn offenbar würden wir auf dem ältesten Schlage, wenn nicht zufällig in das be-

stimmte Maß u Jahrringe fallen, da die letzten Jahrringe aller Wahr=
scheinlichkeit nach schmal sind, eine größere Anzahl erhalten, als auf
den mittleren Schlägen, die in den letzten Ringen den Lichtungszu=
zuwachs aufgespeichert haben. Bei den jüngsten Schlägen fassen wir
wieder die schmalen Jahrringe des letzten u mit und erhalten wieder eine
zu große Zahl. Beurtheilen wir nun den Zuwachs allein nach dem
der letzten Vergangenheit, so erhalten wir zunächst für die ältesten
Schläge einen geringeren, als für die mittleren, für beide aber einen
größeren, als für die jüngsten.

Offenbar kommen wir zu falschen Resultaten, wenn wir den
daraus gefundenen jährlichen Zuwachs mit u multipliciren und das
Produkt als Umtriebszuwachs des Schlages hinstellen wollen. Da
der Etat nach dem Zuwachs regulirt werden soll, so muß auch jener
diesem entsprechend zu hoch resp. zu niedrig werden.

Es ist deshalb zu empfehlen, stets eine der Unterholzumtriebs=
zeit gleiche Anzahl von Jahren bei Berechnung des Zuwachses zu
Grunde zu legen.

Wenden wir uns nun zu den Berechnungen selbst. Wir haben
hier zunächst generelle Arbeiten zu besprechen.

Bei den Vorrathsermittlungen sind bereits die Durchmesser auf
Millimeter genau festgestellt, mit denen die Bäume in jede Alters=
klasse eintreten. Diese Zahlen runden wir auf den nächsten ganzen
Centimeter ab. Wir kennen dann ferner bereits in den Differenzen
der nicht abgerundeten Eintrittsdurchmesser den Durchmesserzuwachs,
sowie endlich in den Differenzen der bezüglichen Eintrittshöhen den
Höhenzuwachs von jeder Altersklasse[1]).

Wir wollen generell aus diesen Stücken feststellen, zu welcher
Zuwachsklasse nach Preßler oder Burckhardt die Stämme jeder Alters=
stufe gehören. Wir brauchen dazu den relativen Durchmesser; er
ist Eintrittsdurchmesser dividirt durch Durchmesserzuwachs. Setzen
wir diesen Bruch = rd, so ist der volle Höhenzuwachs $\dfrac{\text{Eintrittshöhe}}{rd}$.

Durch Multiplication des aus dieser Division hervorgehenden
Quotienten mit $\frac{1}{4}$, $\frac{2}{4}$, $\frac{3}{4}$ erhalten wir die Kriterien der Burckhardt=
schen, ebenso auch die der etwas höhere Procente ergebenden Preßler=

---

[1]) Vergl. sub A Abschnitt X.

schen Klassen II, III, IV und durch Vergleichung der Klassen mit dem wirklichen Höhenzuwachs endlich die wirkliche Zuwachsklasse[1]).

Ist z. B. Stufe VIII der Eiche beim Eintritt zu 0,52 m. Durchmesser ermittelt, die Zunahme in den nächsten u Jahren $= 70$ mm., so ist der relative Durchmesser 7,4. Die Eintrittshöhe sei 18,5; der volle Höhenwuchs ist dann $\frac{185}{74} = 2{,}5$ m. Für die eingeschobenen Stufen II, III, IV ist der Höhenzuwachs demnach 0,6; 1,3; 1,9 m. Bei wirklichem Höhenzuwachs von 1,2 m. gilt daher Stufe III allgemein für die Stämme der Altersklasse VIII.

Nach dem Kluppmanuale wird jetzt der mittlere Durchmesser aus der mittleren Kreisfläche für jede Altersklasse berechnet[2]) und danach beginnen die speciellen Zuwachsermittelungen. Diese erstrecken sich bis herab auf diejenige Klasse, für welche die generellen Arbeiten zum ersten Male einen relativen Durchmesser ergeben, zu dem aus der Tafel kein Procent mehr zu entnehmen ist. Für die Vorwärts= berechnungen tritt dieser Fall erst mit dem relativen Durchmesser 1,0 ein, da die Rückwärtsprocente für die Durchmesser 2,0—2,9 als Vorwärtsprocente für 1,0—1,9 gelten, für die Rückwärtsberechnung hingegen schon mit 2,0.

Wir umfassen bei dieser Ausdehnung der Ermittelungen wohl immer alle Derbholz enthaltenden Stämme und den rechnungsmäßig darstellbaren Zuwachs. Für etwa außer Acht gelassene Stämme und deren Zuwachs erhalten wir dadurch einen Ausgleich, daß das erste nicht mehr aus der Tafel zu entnehmende Rückwärtszuwachsprocent $= +\infty$ gesetzt wird. Dadurch tritt die ganze in diesen Stämmen vorhandene Masse als zugewachsen in Rechnung und wird damit, wie aus der Figur pag. 23 hervorgeht, zugleich auch Zuwachs an allen jüngeren unberechnet gebliebenen Klassen genützt. Nehmen wir z. B. an, die Berechnung hört mit Klasse g der Figur auf, so würde deren Masse, also Rechteck g_2 bis g_8 und h_2 bis h_8 als Zuwachs auftreten. Der an den älteren Stämmen erfolgende, durch die Rechtecke a bis incl. f dargestellte Zuwachs ist durch die specielle Rechnung bereits gefunden. Was fehlt, wird also durch die Einstellung der ganzen vorhandenen

---

[1]) Vergl. sub C Abschnitt X.
[2]) sub D daselbst.

Maſſe von g ergänzt und zwar genau, wenn g und h gleich viel, nicht voll, wenn h mehr und übervoll, wenn h weniger Stämme als g hat. Die in den letzten beiden Fällen vorhandenen Fehler können füglich unbeachtet bleiben. Für den jüngſten Schlag, an deſſen Vorrath rückwärts keine Zuwachsberechnung angeſtellt wird, erhalten wir die beregte Ausgleichung, indem wir die gegenwärtig gefundene Maſſe der jüngſten berückſichtigten Stämme mit in Rechnung ſtellen[1]).

Wir ſuchen uns nun auf jedem Schlage gutwüchſige Alters= klaſſenmodellſtämme, die genau oder nur wenig vom mittleren ab= weichenden Durchmeſſer haben, entnehmen von ihnen mit dem Bohrer eine Anzahl von Spähnen und leſen an denſelben die Breite der letzten u Jahrringe ab. Dieſe und der Durchmeſſer des zugehö= rigen Stammes werden im Walde notirt, zu Hauſe aber danach der rel. Durchmeſſer berechnet und unter Anwendung der generell gefun= denen Zuwachsklaſſe die Procente für Vergangenheit und Zukunft aus der Tafel entnommen. Das arithmetiſche Mittel für jede der beiden Zuwachsarten kommt in Anwendung.

Haben wir unter Fortführung des vorhin gewählten Beiſpieles bei 12jährigem Umtriebe in VIII eine mittlere Stammſtärke von 52 cm. an Probeſtämmen mit 51, 52, 53 cm. Durchmeſſer aber eine Breite der letzten 12 Ringe von reſp. 43; 40; 41 mm. gefunden, ſo iſt der rel. Durchmeſſer reſp. 11,9; 13,0; 12,9 das mittlere Zuwachsprocent daraus: rückwärts 20,7, vorwärts 19,1 (Burckhardt) pro Jahr 1,7 reſp. 1,6.

Die weitere Berechnung trennt ſich in die:

a) des ſeit Beginn des Umtriebes ſchon erfolgten und

b) des bis zum Hiebe erfolgenden Zuwachſes.

ad a. Iſt die jetzige Maſſe $= m$, das jährliche Zuwachs= procent $= 0{,}op_r$, ſo ergiebt ſich der Inhalt m_1, den der Stamm vor t Jahren hatte, aus der Gleichung

$$m_1 = \frac{m}{1 + 0{,}op_r \cdot t}$$

Der Zuwachs aber iſt $= m - m_1$.

ad b. Für die Zukunft iſt das gefundene Procent $0{,}op_v$ direct anwendbar und deren Zuwachs $= m \cdot 0op_v (u-t)$.

---

[1]) In Abtheilung IV des Controlbuchs geſchehen. Abſchnitt XI.

Die Summe m — m$_1$ + m 0,op$_v$ (u — t) ergiebt endlich den ganzen nnerhalb u erfolgenden Zuwachs.

War z. B. die Masse der Klasse VIII = 200 Festm., so ist unter abermaliger Fortführung des Beispieles, wenn der Schlag noch 5 Jahre bis zum Hiebe hat,

$$\text{Vergangenheitszuwachs} = 200 - \frac{200}{1 + 0,017.7} = 21$$

$$\text{Zukunftszuwachs} \quad = 200. \qquad 0,016.5 = 16$$

$$\text{Sa.} = 37 \text{ Festm.}$$

Es bleibt nun noch Eins zu beachten. Wir fanden die Procente an Stämmen, die im Mittelwaldschlusse stehend, gute Wachsthums= verhältnisse zeigten. Wir haben also Zuwachsprocente erhalten, die nur für einen Theil der Stämme passen. Denn offenbar wachsen die zurückbleibenden, kranken oder unterdrückten nicht mehr mit diesem Procente zu, auf der anderen Seite werden ganz besonders wüchsige Stämme einen größeren Zuwachs zeigen. Wir haben bereits ausgesprochen, daß dieser größere Zuwachs an prädomini= renden Stämmen den Ausfall am zurückbleibenden Holze nicht ersetzen kann, weil den im Mittelwaldschlusse stehenden Mittelstämmen bereits der Lichtungszuwachs zu Gute gekommen ist und eine erhebliche Steigerung nicht mehr stattfinden kann. Dieser Ausfall läßt sich aber nicht mit absoluter Bestimmtheit angeben, sondern kann nur näherungsweise in Rechnung gestellt werden. Welchen Umfang er bei unserem Normalwaldbeispiele hat, geht aus folgender Erwägung hervor.

Bei jedem Hiebe werden in erster Linie alle schlechtwüchsigen Stämme, soweit es der Etat erlaubt, herausgenommen. Wir werden also in den Umtrieb nur mit solchen Stämmen eintreten, die augen= blicklich noch ziemlich normalen Zuwachs zeigen. Im Laufe des Um= triebes aber sondert sich nun und zwar bei dem lebhaften Wuchse des Mittelwaldes schnell der zurückbleibende von dem fortwachsenden Bestande aus und mit dieser Aussonderung sinkt der Zuwachs. Beim nächsten Hiebe werden abermals die schlecht zuwüchsigen Stämme fortgenommen. Es erfolgt also ein Minus im Zuwachs an den Stämmen nur in der Altersklasse, in der sie auch zum Hiebe kommen und wir müssen annehmen, daß diese Stämme, so lange sie den jüngeren Altersklassen angehörten, weil sie eben in diesen nicht gehauen sind, auch fast voll zuwüchsig waren. Sie wachsen aber auch noch in der letzten Klasse ihres Daseins zu. Genau genommen, müßten nun auch über das Maß dieses Zuwachses Erhebungen angestellt werden. Da man aber bei der Verschiedenheit des Zurückbleibens doch nicht zu absoluter Genauigkeit gelangen würde und außerdem diese Untersuchungen mindestens ebenso zeitraubend sein würden, wie die für den Hauptbestand, so gelangt man wohl ebenso weit, wenn man das Maß des Zurückbleibens schätzt. Und weit von der Wahrheit wird man nicht entfernt sein, wenn der Ausfall gleich der Hälfte des für diese Stämme berechneten Zuwachses gesetzt wird.

Sehen wir, zu welchem Resultate wir hierbei für unser Normalwaldbeispiel kommen.

Von der jüngsten Altersklasse III treten in den Umtrieb ein 602 Stämme, von diesen werden 217 gehauen, 385 treten in die vierte Altersklasse über. Es erfolgt demnach an 217 Stämmen nur 0,02 anstatt 0,04 Festm. In der Altersklasse IV werden von 385 Stämmen am Schlusse gehauen 117 und bleiben stehen 268. Es erfolgt hier also an 117 Stämmen der halbe und an 268 der volle Zuwachs. Setzt man diese Betrachtung Klasse für Klasse fort, so erhält man schließlich folgendes Resultat.

Altersklasse	halbe Zuwachs	Zahl der Stämme	giebt Ausfall
III	0,02 Festm.	217	4,3 Festm.
IV	0,12 „	117	14,0 „
V	0,11 „	71	7,8 „
VI	0,15 „	47	7,1 „
VII	0,225 „	30	6,8 „
VIII	0,295 „	32	9,4 „
IX	0,25 „	16	4,0 „
X	0,25 „	11	2,8 „
XI	0,27 „	4	1,1 „
			in Summa 57,3 „

Anstatt der normalen Zuwachsreihe mit im Ganzen 517 Festmeter würden also im Realwalde nur 460 Festmeter erfolgen und rund $\frac{1}{9}$ des normalen muß in Abrechnung kommen.

Diesen Bruch wollen wir, wohl wissend, daß er nur den Werth

gutachtlicher Schätzung hat, als in der Wirklichkeit zutreffend an=
nehmen und demnach für die Berechnung des innerhalb u Jahren
erfolgenden Zuwachses den Satz aufstellen:

Es erfolgen acht Neuntel des Zuwachses, den das Oberholz
haben würde, wenn die gesammte Masse mit dem an gutwüchsigen
Altersklassen=Mittelstämmen gefundenen Zuwachsprocente sich ver=
mehren würde.

Bei Berechnung des Etats und des Vorrathes vor dem Hiebe
kommt diese Reduction in Anwendung[1]. Die dadurch etwa herbei=
geführte Unrichtigkeit muß wie die übrigen falschen Resultate der
Zuwachsberechnung ihre Correctur, wie schon Eingangs dieses Ab=
schnitts ausgesprochen, durch das Controlbuch finden[2].

---

[1] Vergl. sub F des Abschnitts X.

[2] Geschieht durch weitere Zuwachsermittelungen an dem beim Tourschlage
aufkommenden Materiale und durch Berechnung eines neuen Abnutzungssatzes für
jeden Umtrieb auf Grund der erweiterten Zuwachsberechnungen und neuer Massen=
ermittelung. Gab die frühere Zuwachsermittelung der Wirklichkeit gegenüber zu
viel oder zu wenig, so muß sich das im Sinken oder Steigen des Vorrathes be=
merklich machen.

VII.

Die Zerlegung des normalen Schlagvorrathes nach Holzarten und Altersklassen.

––––––

Wir haben bei Besprechung der zwischen dem wirklichen und normalen Mittelwalde bestehenden Differenzen bereits erwähnt, daß wir den Normalvorrath in seiner gesammten Summe nach Erfahrungssätzen oder vorhandenen Waldbildern einschätzen wollen. Die Endsumme ist also bekannt und unsere Aufgabe, die Zerlegung in die einzelnen Summanden zu bewirken. Wir müssen hierzu zunächst die Durchmesser der Kronen an Modellstämmen für jede Altersklasse messen und wählen dazu Stämme, die sowohl jetzt freistehen, als auch in nicht zu hoch angesetzten Kronen zeigen, daß sie auch in früherer Zeit ebenfalls freistanden. Wenn wir hierbei zu große Zahlen erhalten, so beeinträchtigt das die Benutzbarkeit derselben dennoch nicht, weil sich annehmen läßt, daß alle Glieder, wenn nicht in gleichem, so doch wahrscheinlich in annähernd gleichem Verhältnisse zu hoch gegriffen sind und eine entsprechende Reduction durch die in der Folge zu erklärende Rechnung eintritt.

Die Aufnahme der Kronendurchmesser geschieht entweder am stehenden Holze dadurch, daß man einige Punkte des größten horizontalen Kronenkreises auf den Erdboden projicirt, die Radien von diesen Punkten aus mißt und das arithmetische Mittel dieser Messungen als rechnungsmäßigen Radius annimmt oder am liegenden Stamme, indem man entgegengesetzte Peripheriepunkte der Krone auf der Erde bezeichnet und deren Entfernung — den Durchmesser — mißt. Vorzuziehen ist die Messung am stehenden Baume. Da indeß die Projection ohne Instrumente vorgenommen wird, so kann man eine große Genauigkeit nicht verlangen. Es genügt aber auch vollständig, wenn wir die Durchmesser auf halbe Meter angeben. Die Tafel im Anhang ist für solche Angaben berechnet und weist die Schirmfläche des Einzelstammes sowie die zugehörige Zahl der Stämme nach, die pro Hectar bei vollem Schlusse stehen.

Wir brauchen ferner die Massen der Klassennormalstämme und entnehmen sie aus den schon gefertigten Arbeiten. Bei der Massen- und Zuwachsermittelung haben wir nämlich die Eintrittshöhen und Durchmesser für jede Altersklasse berechnet. Jede dieser Zahlen gilt zugleich auch für die nächstjüngere Klasse unmittelbar vor dem Hiebe.

Aus der Massentafel erfahren wir hiermit den Inhalt des Normalstammes für alle außer der ältesten Klasse, für diese hingegen nur die Eintrittsmasse, aus der wir aber unter Anwendung des zu dem bekannten relativen Durchmesser und der Höhenzunahme gehörigen Procentes die Masse am Schlusse des Umtriebes herleiten können[1]).

Die Berechnung des normalen Vorrathes ist nun verschieden, je nachdem wir im Walde reine oder gemischte Bestände, eine oder mehrere Umtriebszeiten, bleibende oder vorübergehende Mischungen haben.

Die einzelnen hieraus sich ergebenden Fälle müssen wir der Reihe nach durchgehen und beginnen mit dem reinen ungemischten Bestande, weil mit dieser Berechnung die übrigen viel Uebereinstimmendes haben.

a) Der Normalvorrath für reine Bestände.

Nach den ermittelten Kronendurchmessern entnehmen wir aus der Anhangstafel die Zahlen der pro Hekt. in jeder Altersklasse bei dem Schlusse 1,0 stehenden Stämme und multipliciren jede derselben mit der vorher gefundenen zugehörigen Masse des Einzelstammes, addiren die Producte und berechnen, wieviel Procent jedes derselben von der Gesammtsumme beträgt.

Damit haben wir Verhältnißzahlen gefunden, die auch für jede andere Masse verwendbar sind, selbst wenn der vorgedachte Fall ein

---

[1]) Geschehen in X sub E.

tritt, daß die Kronendurchmesser sämmtlich zu hoch sind, um einen gegebenen Vorrath zuzulassen und die wir direct zur Zerlegung des festgesetzten normalen Vorrathes gebrauchen können.

Berechnen wir z. B. hiernach unter Beibehaltung der Kronendurchmesser und Masse der Modellstämme aus unserem Normalwaldbeispiel Masse und Stammzahl eines Schlages von 16,67 Hekt. Größe und einem Normalvorrath von 160 Festm. pro Hekt. vor dem Hiebe. Die Masse im ganzen Schlage ist in diesem Zeitpunkte 2667 Festmeter.

Berechnung I.

Alters= klasse	Hat bei Schluß	pro Hectar		Summa	Altersklassen= masse beträgt von der Summe	Der normale Vorrath beträgt demnach	
		Stämme	Masse			Festmeter	Stämme
III	1,0	722	29		1,4 %	37	925
IV	„	462	129		6,4 „	171	611
V	„	321	160		8,0 „	213	426
VI	„	236	189		9,4 „	251	314
VII	„	180	225	2005	11,2 „	299	240
VIII	„	143	263		13,1 „	349	190
IX	„	105	246		12,3 „	328	140
X	„	87	247		12,3 „	328	115
XI	„	74	250		12,5 „	333	97
XII	„	68	267		13,3 „	355	91

Die Anzahl der Stämme in der letzten Hauptcolonne ist aus Division der Altersklassen=Masse durch den zugehörigen Modellstamm gefunden.

Wir umgehen bei diesem Verfahren die Einstellung des Schluß= factors in die Rechnung. Er ist von allen Größen, die wir benutzen, die unsicherste, basirt mehr oder minder auf einem gefühls= mäßigen Ansprechen und ist daher wenig geeignet, um darauf eine Berechnung zu gründen. Bei unserem Verfahren finden wir ihn erst aus dem Resultate der Rechnung. Indem man nämlich die einer Altersklasse zukommende Fläche durch die zugehörige Stammzahl dividirt, erhält man den Wachsraum des Einzelstammes. Die Schirmfläche desselben ist uns bekannt und wir sind daher im

Stande, den den Schlußfactor ergebenden Bruch $\dfrac{\text{Schirmfläche}}{\text{Wachsraum}}$ zu be=
rechnen.

Enthält z. B. die Altersklasse VI wie hier 314 Stämme und ist ihr an Fläche zugewiesen $\dfrac{16.6667}{12} = 13889$ ☐ m., so ist der Wachsraum $= 44{,}2$. Da die Schirmfläche $= 42{,}4$ ☐ m. ist, so ergiebt sich der Schlußfactor $= 0{,}96$.

Es folgt daraus, daß, wenn sämmtliche Stämme die weit aus= gereckten Kronen der Modellstämme besäßen, und wir die zugehörige Fläche der 10 ältesten Klassen in Rechnung stellen, auf dieser fast voller Schluß eingetreten sein muß, wenn 160 Festmeter pro Hektar stehen.

Draußen im Walde wird für den ganzen Schlag der Schluß nicht so dicht erscheinen, weil die Fläche der jüngsten im Unterholze stockenden Klasse hinzutritt und auch die zweitjüngste in den meisten Fällen noch nicht als beschirmend und schlußtheilnehmend auftritt und daher beide Klassen scheinbar fortfallen. In dieser Weise auf den ganzen Schlag bezogen, fällt die Schlußzahl in unserem Bei= spiele auf $0{,}84$.

Aber auch diese wird factisch nicht erreicht werden, weil wir unsere Zahlen für den Kronendurchmesser an frei erwachsenen Stämmen gewonnen haben und deshalb zu vermuthen steht, daß da, wo die Stämme in gelockerterem Schlusse stehen, die Kronen sich zwar, soweit, wie in Rechnung gestellt, ausrecken, in den geschlossenen Partieen aber geringer bleiben, so daß also im Ganzen die berechnete Stammzahl nicht die angegebene, sondern eine geringere Schirm= fläche hat und somit der Schluß auch ein geringerer wird.

Hätten wir den normalen Vorrath auf 320 Festmeter pro Hektar festgesetzt, so würde die Zahl der Stämme für jede Alters= klasse noch einmal so groß sein, als in dem vorigen Beispiele und der Wachsraum dem entsprechend nur $22{,}1$ ☐ m. für den Stamm der VI. Klasse, die Schirmfläche hingegen $42{,}4$ ☐ m. und der Schluß $1{,}92$ betragen. Daraus folgt, daß entweder die Kronen der Stämme ganz ineinander gewachsen sein müssen, oder ein Theil der Stämme im Druck der anderen steht, oder endlich, was wohl das Gewöhnliche ist, daß bei dem vorhandenen übermäßigen Vor= rathe die Kronen sich nicht in der als normal angesehenen Art ent=

wickeln konnten, daß sie viel mehr zurückgeblieben und die Schirm=
fläche eines Stammes der gedachten Klasse nicht 42,4, sondern nur
22,1 ☐ m. betragen kann, der Kronendurchmesser daher nur 5 und
nicht 7 m. hat. In gleicher Weise reduciren sich auch die Schirm=
flächen in den übrigen Altersklassen und es ist mindestens sehr wahr=
scheinlich, daß im Walde diese Reduction factisch vorhanden ist.

b) Der Normalvorrath für gemischte Bestände.

1) Die Mischung besteht unter der Bedingung, daß für jede
Holzart der Betrieb nachhaltig ist.

Es sind dann wirklich zwei verschiedene Wirthschaften auf einer
Fläche combinirt und es muß jede so eingerichtet werden, daß sie völlig
gesichert ist. Wir theilen deshalb zunächst von dem gesammten normalen
Schlagvorrathe jeder Holzart soviel zu, wie sie haben soll und berech=
nen dann für jede besonders, wie bei dem Falle ad a. die Procent=
reihen, nach denen die Zerlegung in Altersklassenvorräthe erfolgen soll.

Haben wir z. B. einen Mischwald von Eichen und Buchen
und gelten für die letzteren die Procente ad a, für die Eichen hin=
gegen die in der letzten Kolonne nachstehender Berechnung II. ent=
wickelten, so beträgt der nv für einen Schlag wie ad a, also mit
16,67 Hect. Größe und 2667 Festm. wenn 0,7 durch Buchen und
0,3 durch Eichen aufgebracht werden sollen, soviel wie in Berech=
nung III. angegeben ist.

Berechnung II.

Alters=klasse	Des Modellstammes		Bei Schluß von	Stehen pro Hectar		Summa	Die Alters=klassenmasse beträgt von der Summa:
	Kronen=Durchmesser	Masse		Stämme	Festmeter		
III	4 m.	0,01	1,0	722	7		0,4 %
IV	4,5 „	0,10	.	570	57		3,0 „
V	5 „	0,30	.	462	139		7,3 „
VI	6 „	0,50	.	321	161		8,5 „
VII	7 „	0,80	.	236	189		9,9 „
VIII	8 „	1,20	.	180	216	1900	11,4 „
IX	8,5 „	1,60	.	160	256		13,5 „
X	9 „	2,00	.	143	286		15,0 „
XI	9,5 „	2,30	.	128	294		15,5 „
XII	10 „	2,57	.	115	295		15,5 „

Berechnung III.

Alters-klaffe.	Buchen		Eichen	
	Maffe in Feftmetern	Stammzahl	Maffe in Feftmetern	Stammzahl
III	26	650	3	300
IV	120	429	24	240
V	149	298	59	197
VI	176	220	68	136
VII	209	167	79	99
VIII	245	133	91	76
IX	230	98	108	68
X	230	81	120	60
XI	233	69	124	54
XII	248	63	124	48
Sa.	1867	.	800	.

Sollte die Eiche in dem besprochenen Beispiele statt im 144 jährigen im 192 jährigen Umtriebe bewirthschaftet werden und hätte:

Die Altersklasse   XIII.   XIV.   XV.   XVI.

einen Kronendurchm. von 10,5.   11.   11.   11,5 m.

und Maffe pro Stamm 2,80.   3,00.   3,20.   3,35 fm.

so würden die den Eichen zugewiesenen 800 Festmeter zerlegt, wie Berechnung IV. zeigt.

Die Reihe für die Buche bleibt unverändert.

Verschiedene Umtriebszeiten in den Mischhölzern ändern also in dem Principe und in der Verwendbarkeit der Rechnung nichts.

In der Folge wollen wir die für den Nachhaltbetrieb bestimmten Hölzer als Hauptholzarten bezeichnen.

Berechnung IV.

Alters=klasse	Hat Antheil am ganzen Vorrathe	Mithin	
		Festmeter	Stammzahl
III	0,2 %	2 (1,6)	160
IV	1,9 „	15 (15,2)	152
V	4,5 „	36	120
VI	5,2 „	42	84
VII	6,1 „	49	61
VIII	7,0 „	56	47
IX	8,3 „	66	42
X	9,3 „	74	37
XI	9,6 „	77	33
XII	9,6 „	77	30
XIII	9,6 „	77	27
XIV	9,3 „	74	25
XV	9,9 „	79	25
XVI	9,5 „	76	23

2. Die Nachhaltigkeit ist nur für einzelne — die Hauptholz=
arten — verlangt, neben diesen sollen soweit als möglich noch andere
gezogen werden.

Diese Mischungen sind also ihrer Natur nach untergeordnete,
ebenso wie wir im Hochwalde neben der herrschenden vorübergehend
andere ziehen, die zwar gern gesehen doch dem Betriebe des Haupt=
holzes weichen und mit gewissem Alter verschwinden müssen: so
bauen wir die Kiefer ein in Fichten und stellen nachher durch Aus=
hieb die Reinheit des Fichtenorts her, wir sehen es gern, wenn der
Fichten= oder Kiefernschlag sich mit Birken überzieht, die wir mit
dem Heranwachsen des Hauptbestandes der Art verfallen lassen;
Weichhölzer auf kleinen Lücken in Buchenschonungen bleiben stehen
bis die Buchen die Beschirmung der Fläche durch Kronenausbreitung
vom Rande her selbst übernehmen. In allen diesen Fällen wird
die Zahl der Stämme, welche die Hauptholzart in den jüngeren
Altern normaliter haben müßte, beschränkt und an Stelle der aus=

fallenden tritt die Nebenholzart. Dennoch wird die Hauptnutzung nicht geschmälert, wenn nur soviel Stämme in den jüngeren Orten vorhanden sind, daß durch sie nach Aushieb des Nebenholzes der volle Bestand dereinst hergestellt werden kann. Damit ist zugleich ausgesprochen, daß das Nebenholz nur einzeln oder in so gering ausgedehnten Horsten stehen darf, daß sein Heraus= nehmen keine culturbedürftigen Lücken reißt.

An genau dieselben Bedingungen ist die beregte Mischung im Mittelwalde geknüpft. Auch hier können wir einen Theil der nor= malen Stammzahl in den jüngeren Altersklassen ersetzen durch ein Nebenholz, wenn die Vertheilung der Hauptholzart über den Schlag derartig ist, daß nach Herausnahme des Nebenholzes die Altersklasse die ihr zukommende Fläche beschirmt. Diese Vertheilung muß aber, wie es in der Natur der Sache liegt, bald mehr, bald weniger günstig sein, und es kann von einem eigentlichen Normalvorrath nicht die Rede sein, sondern rechnungsmäßig nur angegeben werden, wie hoch sich im günstigsten und im mittleren Falle die Nebenholz= masse beläuft.

Hierzu ist nöthig, das Maximalalter des Nebenholzes festzu= setzen; dann muß nach dem vorher Gesagten die Klasse, die in ihrem Alter darüber fortragt, den vollen normalen Vorrath allein aus Stämmen der Hauptholzart herstellen und die Stammzahl in den jüngeren Altersklassen nicht allein ebenso groß sein, wie in der jüngsten rein auftretenden, sondern in diesen mit abnehmendem Alter stetig sich vergrößern, damit der Hieb die Schlagstellung reguliren, schadhafte Bäume rechtzeitig herausnehmen und Verlust durch Natur= ereignisse oder Diebstahl der Wirthschaft keine Verlegenheit bereiten kann. Die Steigerung der Stammzahl ist gutachtlich festzusetzen; sie braucht für normale Verhältnisse in der Vertheilung der Stämme über die Fläche hin nicht mehr als 10% von Klasse zu Klasse zu betragen. Schon bei horstweis reiner Stellung der Hauptholzarten muß sie aber größer werden, weil zur Beschaffung des Wachsraumes bei Eintritt in die höheren Altersklassen der Horst immer wieder durchhauen werden muß und dabei einzig und allein Stämme der Hauptholzart entfernt werden, während bei stammweiser Vermischung die Vergrößerung des Wachsraumes auf Kosten des Nebenholzes geschehen kann. Der Normalvorrath für die Hauptholzarten wird also durch den Hinzutritt der jetzt in Rede stehenden Mischhölzer innerhalb gewisser Grenzen veränderlich[1]).

Nach Feststellung des Maximalalters im Nebenholz berechnen wir für die Hauptholzarten die Altersklassenvorräthe und Stammreihen, die gelten würden, wenn sie allein vorkämen. Soweit dieses wirklich der Fall ist, behalten die Altersklassen diese Zahlen; für die mit Nebenholzarten gemischten bemessen wir sie hingegen nur so, daß deren älteste 10% Stämme mehr, als die jüngste rein auftretende, jede jüngere aber wieder 10% mehr, als die nächstältere zählt.

Multipliciren wir nun jede dieser Zahlen mit dem Inhalte des zugehörigen Modellstammes und ziehen das Product von der früher bei reinem Auftreten gefundenen Masse der Holzart und Altersklasse ab, so erhalten wir in den Resten die Festmeter, die für die Neben= holzarten disponibel sind.

Die fernere Berechnung betrifft zunächst diejenige von den Nebenholzarten, die das höchste Alter unter ihnen erreichen soll. Wir gebrauchen für sie nicht mehr die Schirmfläche, sondern nur noch die Massenreihe der Altersklassen=Modellstämme, die vorher bereits aufgestellt ist.

Dividiren wir mit jedem Gliede dieser Reihe in die zutreffende disponible Masse, so erhalten wir die höchste Stammzahl die vor= handen sein kann, wenn keine weitere Nebenholzart gezogen wird.

Knüpfen wir an Berechnung III. an und lassen zu Eiche und Buche als Nebenholzart den Ahorn mit einem Maximalalter von 84 Jahren treten, so muß Eiche unbedingt mit 76, Buche mit 133 Stämmen in VIII. eintreten, die jüngeren Altersstufen aber mindestens enthalten

Klasse VII	Eiche	84	Stämme;	Buche	146	Stämme
„ VI	„	91	„	„	161	„
„ V	„	100	„	„	177	„
„ IV	„	110	„	„	195	„
„ III	„	121	„	„	215	„

dann ergiebt sich dem vorher Besprochenen gemäß folgende

---

[1]) cfr. sub F. des Abschnitts X.

Berechnung V.

Alters=klasse	Hauptholzarten haben		Bleibt für den Ahorn	Masse der Modellstämme	Stammzahl für
	rein Fest=	gemischt Meter	Fest=	Meter	Ahorn
VII	288	250	38	1,38	28
VI	244	174	70	0,96	71
V	208	119	89	0,54	165
IV	144	66	78	0,23	339
III	29	10	19	0,04	475

Treten außer dem Ahorn noch weitere Nebenhölzer hinzu, so bleibt die Rechnung im Principe dieselbe, wie eben beschrieben. Jede Holzart mit höherem Maximalalter muß in den jüngeren Altersklassen zu Gunsten des Mischholzes mit geringerem Haubarkeitsalter die Stamm=zahl einschränken und die dadurch frei werdende Masse wird diesem zugewiesen.

Tritt zu dem in Berechnung V. durchgeführten Beispiele noch die Aspe in 60jährigem Umtriebe und die Birke in 48jährigem, so ist zunächst die Reihe des Ahorns so zu modificiren, daß nur die für die VI. und VII. Altersklasse angesetzten Stammzahlen bestehen bleiben, die für die jüngeren Klassen aber zu Gunsten der hinzu=tretenden Holzarten vermindert werden. Dann wird die Stammzahl der Aspe ermittelt und hernach die der Birke, wie nachstehend ge=zeigt ist.

Berechnung VI.

Alters=klasse	Modificirte Stammzahl des Ahorn	Bleibt Rest für Aspe Festmeter	Normal=stamm hat	Der Aspe		Bleibt für Birke Festmeter	Normal=stamm hat	Stammzahl für die Birke
				Stamm=zahl	modificirt für die Mischung			
V	78	15	0,56	84	84	.	.	.
IV	86	58	0,33	176	92	28	0,30	93
III	95	47	0,06	250	101	9	0,09	100

Es würde demnach ein Schlag von 16,67 Hectar und 2667 Fest= meter Normalvorrath, wenn Eiche zu 0,3 und Buche zu 0,7 nach= haltig im 144jährigen Umtriebe und neben diesen Ahorn mit 84, Aspe mit 60 und Birke mit 48jährigem Maximalalter gezogen werden sollten, an Stämmen enthalten

Zusammenstellung.

Altersklasse	Stammzahl							Masse						
	Buche		Eiche		Ahorn	Aspe	Birke	Buche		Eiche		Ahorn	Aspe	Birke
								Masse in Festmetern						
	normale	geringste	normale	geringste	höchste	höchste	höchste	normale	geringste	normale	geringste	höchste	höchste	höchste
III	.	215	.	121	95	101	100	.	9	.	1	4	6	9
IV	.	195	.	110	86	92	93	.	55	.	11	20	30	28
V	.	177	.	100	78	84	.	.	89	.	30	42	47	.
VI	.	161	.	91	71	.	.	.	129	.	46	70	.	.
VII	.	146	.	84	28	.	.	.	182	.	67	39	.	.
VIII	133	.	76	.	.	.	.	245	.	91	.	.	.	.
IX	98	.	68	.	.	.	.	230	.	108	.	.	.	.
X	81	.	60	.	.	.	.	230	.	120	.	.	.	.
XI	69	.	54	.	.	.	.	233	.	124	.	.	.	.
XII	63	.	48	.	.	.	.	248	.	124	.	.	.	.
Sa.	tot.	.	.	.	.	.	2980	.	.	.	.	.	.	2667

Wir haben nun noch einige Specialfälle zu besprechen:

1. Die Zerlegung kann bei den zuletzt in die Berechnung ein= tretenden Nebenholzarten ergeben, daß der Quotient aus disponibler Masse und Inhalt des Modellstammes für die älteren Klassen eine höhere Stammzahl gestattet als für die jüngeren. Es muß dann die Zahl in den älteren herabgesetzt werden, weil dieses Verhältniß unmöglich ist. Dadurch werden wieder einige Festmeter disponibel, man läßt diese dann entweder unberücksichtigt oder setzt bei anderen Holzarten in den betreffenden Altersklassen soviel Stämme zu, daß im Ganzen die normale Festmeterzahl genau herauskommt.

In dem ausgeführten Beispiele Abschnitt X tritt unter F bei der IV. Altersklasse der Aspe der gedachte Fall ein. Die Rechnung ergiebt für diese 89, für die III. hingegen 83 Stämme, erstere Zahl ist des=

halb auf 75 reducirt. Disponibel werden dadurch 14. 0,46 = 6,24 Fest=
meter. Die Rückwärtsvertheilung ist unterlassen, weil diese Masse
der normalen von 2400 Festmeter gegenüber verschwindet, überdies
ja die Zahlen in den entsprechenden Altersklassen für die Hauptholz=
arten von vornherein durch die Rechnung als kleinste Normal=Stamm=
zahlen charakterisirt sind.

2. Statt einer Holzart können wir in die Rechnung auch
eine Holzartengruppe einführen, wenn die einzelnen Glieder derselben
unter sich gleiche Schirmfläche und Masse in gleichem Alter haben,
für die Rechnung also gleichwerthig sind. Auch muß die Wirth=
schaft darauf verzichten, ein constantes Verhältniß zwischen den ein=
zelnen, die Gruppe darstellenden Holzarten zu verlangen. Kann sie
dieses nicht, so muß eine Berechnung, wie ad b 1. dieses Abschnittes
erklärt ist, eintreten.

In dem später folgenden Beispiele ist Rüster und Esche als
solche Gruppe behandelt.

VIII.

Die Berechnung des Schlagetats.

———

$\mathfrak{B}$on dem theoretisch richtigen und überaus einfachen Verfahren den
Abnutzungsfatz in der Art zu ermitteln, wie wir ihn für den Normal=
wald aus der abkömmlichen Zahl der Stämme einer jüngeren Alters=
klaffe beim Eintritte in die ältere entwickelt haben, hat man in der Praxis
keinen Gebrauch machen können, weil die Frage: Wie viel Stämme
sind herauszunehmen? nicht so leicht im Walde, wie in der Theorie
zu beantworten ist. Will man wirklich das rechnungsmäßige Maxi=
mum in jeder Altersklaffe hauen, wie die Entwickelung des Abnutzes
es erheischt, so kann sehr leicht durch eine Calamität oder Diebstahl
die hergestellte normale Reihe gestört und das künstliche Gebäude
zerstört werden. Außerdem mangelte es an einem begründeten Ver=
fahren die Zahlenreihen aufzustellen, mithin an den Grundlagen der
Etatsberechnung.

Das Orakel der Praxis blieb und ist theilweise noch der Ab=
nutzungsfatz, wie ihn die Lehre von dem progressionsmäßig vermin=
derten Zuwachse ermittelt.

Entwickeln wir aber hiernach den Etat (e) für den Normalwald
und vergleichen das Resultat mit dem, was unsere Berechnung des
Normaletats lieferte, so kommen wir zu solchen Resultaten, daß man
sich der Wahrnehmung nicht verschließen kann: Etwas ist falsch in
dieser Berechnung. Um hierfür einen Belag beizubringen: die
Formel für die Berechnung lautet, wenn der Hieb gleich folgt
$$\frac{1}{n}\left(v + \frac{n-1}{2} Z\right).$$ Z ist hierin $= u\,\zeta =$ dem Zuwachse,
welcher in einem Schlage innerhalb des Umtriebes erfolgt und

n = der Anzahl der Hiebe, durch welche der jetzige Vorrath sammt seinem progressionsmäßig verminderten Zuwachse aufgezehrt wird.

Der Vorrath im ältesten Schlage unseres Normalwaldbeispieles v war = 1672 Festmeter, der Zuwachs pro Umtrieb 517 Festmeter. Die Zahl der Hiebe, da der Vorrath in den beiden jüngsten Alters=klassen noch nicht mitgezählt ist = 10 = n.

Es ist dann e = 400 Festmeter.

Wir erhalten also eine Differenz gegen den Normaletat von 117 Festmeter, gewiß ein hervorragend ungünstiges Resultat, welches zum Nachdenken und zur Erforschung des Grundes auffordert. Und dieser liegt in Folgendem: Bei der ersten Etatsberechnung ist angenommen, daß der Wald sich fort und fort ergänzt und daß nach beendetem Umtriebe genau derselbe Vorrath in derselben Alters=klassenvertheilung vorhanden ist, wie jetzt. Nun nehmen wir bei jedem Umtriebe aus jeder Altersklasse, die Derbholz enthält, einen Ertrag und es wird in dem Etat der Zuwachs des ganzen Waldes während der Dauer der Wirthschaft ge=nutzt, also sowohl der Zuwachs desjenigen Holzes, welches zur Zeit der Schätzung vorhanden war, wie der an dem inzwischen angebauten.

Bei dem Verfahren, das sich auf den progressionsmäßig ver=minderten Zuwachs gründet, tritt aber nur der Vorrath in Rechnung, der zur Zeit der Schätzung vorhanden ist und ebenso wird nur der Zuwachs berechnet, welcher an diesem Vorrath erfolgt, der des jungen Nachwuchses bleibt außer Ansatz. Der Etat muß aber um so mehr von dem normalen abweichen, je mehr die jüngeren Altersklassen Erträge liefern.

Die Aufgaben, die beide Etatsberechnungen lösen, sind in sich verschieden, denn die letztere beantwortet die Frage: Wieviel kann ich jedesmal von dem Vorrathe fortnehmen, wenn derselbe sich in ein=fachen Zinsen mit sich gleich bleibendem Procente vermehrt und in Vorrath und Zuwachs durch eine bestimmte Anzahl von Hieben ab=sorbirt werden soll, während die Aufgabe des ersteren Verfahrens lautet: Wieviel kann nachhaltig gehauen werden, wenn durch die Cultur dem Hiebe entsprechend für Nachwuchs gesorgt wird.

Wir müssen nun zeigen, daß die Vernachlässigung des Zuwachses und der Erträge der jüngsten Altersklassen wirklich den Etat in der gefundenen Weise herabdrücken muß.

Verfolgen wir deshalb einmal den Gang, den wir bei dem Etat 400 Festmeter einschlagen.

Der jetzige Vorrath an Derbholz ist ermittelt, er umfaßt, wenn wir unserem Beispiele folgen, die Klassen III—XII. Der Hieb erstreckt sich auf die jetzt älteste Altersklasse und einen Theil der übrigen.

Kurz vor dem Hiebe für den zweiten Umtrieb ist in dem Vorrathe nur noch enthalten Holz von dem Alter der IV.—XII. Klasse, III fällt bereits fort, weil sie Holz enthält, welches der Vorrathsaufnahme zur Zeit der Schätzung nicht unterworfen war. Der aus der III. Klasse zu entnehmende Ertrag bleibt demgemäß außer Rechnung.

Nach Ablauf des dritten Umtriebes ist das jetzt aufgenommene Holz in die V.—XII. Klasse hineingewachsen.

Der Ertrag der III. bleibt abermals, der der IV. zum ersten Male außer Ansatz.

Führt man diese Auseinandersetzung fort, so ist vor dem Hiebe des 10. Umtriebes von dem alten Vorrathe nur noch Holz vorhanden, welches der ältesten Altersklasse gehört und beim Beginne der Wirthschaft die Masse der dritten bildete.

Außer Beachtung blieb im Ganzen nach pag. 27 G:

Alters=klasse	Bleibt außer Beachtung	Nach unserem Normalwaldbeispiele beträgt das Festmeter	
III	9 Male	9. 8,7	= 78,3
IV	8 „	8.32,8	= 262,4
V	7 „	7.35,5	= 248,5
VI	6 „	6.37,6	= 225,6
VII	5 „	5.37,5	= 187,5
VIII	4 „	4.58,9	= 235,6
IX	3 „	3.37,4	= 112,2
X	2 „	2.31,2	= 62,4
XI	1 „	1.13,5	= 13,5

in Summa 1426

Dieser Betrag wäre ebenfalls zu nutzen gewesen, und da es in einem Zeitraum von 10 Umtrieben geschehen mußte, so hätte der Etat um 143 erhöht werden, also 543 Festmeter betragen müssen.

Wir sind damit um 543—517 = 26 Festmeter über das Ziel hinausgeschossen und zwar deshalb, weil der Etat 400 Festmeter in den jüngeren Altersklassen eine größere Anzahl von Stämmen, als normal ist, stehen läßt und dieser Vorrathsvermehrung ein größerer Zuwachs entspricht.

Normalmäßig sollen nämlich, den Stand des Vorraths und Zuwachses zur Zeit der Aufnahme festgehalten, in der ältesten Altersklasse 223 Festmeter, in sämmtlichen übrigen 294 gehauen werden. Für die jüngeren Klassen läßt der Etat 400 aber nur disponibel 400—223 = 177 Festmeter. Es können deshalb nur aus jeder Altersklasse entnommen werden $\frac{177}{294} = 0{,}6$ der normalmäßig fortzunehmenden Stämme und es bleiben zu viel stehen unter Beachtung der normalmäßigen Zahlenreihe:

Altersklasse	III	IV	V	VI	VII	VIII	IX	X	XI.
Stämme	87	47	28	19	12	13	6	4	2.

An diesen stehengebliebenen Stämmen erfolgt aber Zuwachs und dieser steckt in den 26 Festmetern, die wir jetzt zu viel haben. Die Zahl erhalten wir dafür unter folgender Erwägung:

Bei der Formel $\frac{n-1}{2} Z$ waren in Rechnung gestellt an Zuwachs 2326 Festmeter. Es wächst aber bei normaler Stammzahl während der 10 Umtriebe zu:

9 Mal die Altersklasse XI nach XII mit 31 Festm. = 279 Festm.
8 „ „ „ X „ XI „ 33 „ = 264 „
7 „ „ „ IX „ X „ 36 „ = 252 „
6 „ „ „ VIII „ IX „ 44 „ = 264 „
5 „ „ „ VII „ VIII „ 71 „ = 355 „
4 „ „ „ VI „ VII „ 68 „ = 272 „
3 „ „ „ V „ VI „ 59 „ = 177 „
2 „ „ „ IV „ V „ 59 „ = 118 „
1 „ „ „ III „ IV „ 92 „ = 92 „

in Sa. 2073 Festm.

Bei dem progressionsmäßig verminderten Zuwachse sind also gegen diese Berechnung mehr in Rechnung gestellt

2326—2073 = 253 Festmeter

oder pro Hieb 25,3 Festmeter.

Zieht man diese von den vorhin gefundenen 543 ab, so erhält man, abgesehen von einer kleinen durch Abrundungen entstandenen Differenz, den Normal-Etat 517 Festmeter.

Wir stehen nunmehr vor dem bewiesenen Factum, daß die Anwendung des progressionsmäßig verminderten Zuwachses für die Berechnung des Etats zu niedrige Resultate liefert. Wir haben bei dieser ersten Berechnung alles Derbholz mit berücksichtigt und demgemäß den Berechnungszeitraum soweit wie möglich gegriffen. Nun ist die Praxis aber häufig nicht soweit gegangen, sondern sie hat ein beliebiges anderes Maß — 6" oder 9" waren sehr beliebt — festgesetzt, von dem ab die Stämme erst in Berechnung treten. Damit blieben auch sämmtliche Erträge der Stämme unter 6" oder 9" außer Anrechnung. Der Effect davon muß der sein, daß der Etat kleiner wird, sobald die Berechnung weniger Altersklassen umfaßt.

Das fortgeführte Beispiel wird dieses zeigen:

1) Die Berechnung umfaßt die Altersklassen V—XII,

$$\text{dann ist in der Formel } e = \frac{1}{n}\left(v + \frac{n-1}{2}Z\right)$$

$$v = 1672 - 132 = 1540$$
$$Z = 517 - 116 = 401$$
$$n = 8$$
$$e = 368 \text{ Festmeter.}$$

2) Die Berechnung erstreckt sich nur auf die Altersklassen VII—XII,

$$\text{dann ist } v = 1540 - 292 = 1248$$
$$Z = 401 - 118 = 283$$
$$n = 6$$
$$e = 326 \text{ Festmeter.}$$

Die Berechnung begreift nur die Altersklassen IX—XII in sich:

$$\text{dann ist } v = 1248 - 409 = 839$$
$$Z = 283 - 139 = 144$$
$$n = 4$$
$$e = 264 \text{ Festmeter.}$$

Wir haben also der Reihe nach die Etats 400, 368, 326, 264 Festm. erhalten für einen Schlag, in welchem der normale Vorrath, der normale Zuwachs, sowie das normale Altersklassenverhältniß vorhanden ist und aus dem pro Jahr

517 Festmeter entnommen werden können. Daß mit solchen Etats eine Erhaltung normaler Zustände nicht möglich ist, braucht wohl nicht näher dargethan zu werden. Auch ist es klar, daß solche Etats, lange Jahre hindurch eingehalten, eine außerordentliche Vermehrung der Vorräthe herbeiführen müssen und daß sie manchen Mittelwald in der Fülle des Materialkapitals erstickten und ihm zu seliger Auferstehung als Hochwald halfen.

Nun könnte vielleicht gesagt werden, daß die Etats nicht alle in dieser Art berechnet sind, daß vielmehr eine Aenderung eintritt, wenn man die Formeln

$$\text{I.} \quad e = \frac{1}{n}\left(\frac{nZ}{2} + v\right) \text{ oder}$$

$$\text{II.} \quad e = \frac{1}{n}\left(\frac{n+1}{2}Z + v\right) \text{ anwendet.}$$

Der Einwand ist jedoch hinfällig, weil die Formel I. für den Fall gilt, daß die Berechnung in der Mitte des Umtriebes erfolgt; in dem Vorrathe steckt deshalb $\frac{1}{2}$ Z weniger und um diesen Werth ist er geringer, als in unserer ersten Berechnung, während genau um dieselbe Größe der Bruch für Z größer geworden ist; die Klammer enthält mithin denselben Werth und e muß wieder $= 400$ werden.

Bei der Formel II. ist angenommen, daß der Hieb eben erfolgt ist. v ist also um ein volles Z kleiner, als bei der ersten Berechnung, der Bruch für Z um ebensoviel größer geworden.

Das Resultat wird auch dadurch fast nicht geändert, daß wir den Etat nicht schlagweise, sondern für den ganzen Wald, wie Grebe es vorschlägt, berechnen.

Als V des ganzen Waldes hatten wir gefunden 17220 Festmeter. Es wachsen jährlich zu 517 Festmeter. n wird 120. Nach Grebe ist dann $e = \dfrac{17220 + 60.517}{120} = 402$ Festmeter[1].

---

[1] Daß e in diesem Falle um 2 größer geworden ist, liegt daran, daß v streng genommen, wenn $Z = 60.517$ ist, $17220 - \frac{1}{2} 517$ sein muß dann ist

$$e = \frac{16962 + 60 \cdot 517}{120} = 399{,}8 = 400.$$

Gegen die Richtigkeit des Etats 400 ließe sich nun von vornherein anführen, daß er gegen den Zuwachs zurückbleibt, und daß deshalb von einem Aufzehren des Kapitals keine Rede sein kann, sondern daß dieses sich fort und fort vermehren muß, selbst wenn das System der einfachen Zinsen beibehalten wird.

Lassen wir die Zuwachsaufrechnung am Anfange des Umtriebes beginnen, so haben wir einen Vorrath im Schlage von 1155 Festmetern. An diesen erfolgen 517 Festmeter Zuwachs. Die Nutzung aber beträgt nur 400 Fm. Das Kapital braucht also durch die Entnahme derselben noch gar nicht angegriffen zu werden, es bleiben vielmehr noch 117 Fm. Ueberschuß. Dasselbe findet bei den folgenden Umtrieben statt.

Der Ueberschuß ist allerdings vorhanden und er sammelt sich auch im Walde auf, jedoch nur in beschränktem Maße an dem zur Berechnung gezogenen, zum größeren an dem nachwachsenden Vorrathe.

Daß er sich nur beschränkt an jenem ansammeln kann, liegt daran, daß, wie schon bemerkt, der wirklich erfolgte reale Zuwachs in der Gestalt, wie er wächst, nicht entnommen werden kann. Wir vermögen ihn vielmehr nur zu nutzen, indem wir ganze Stämme fortnehmen, und das werbende Kapital angreifen. Jede Nutzung verringert daher auch dieses und damit zugleich den Zuwachs.

Will also Jemand die Probe machen, ob Vorrath und Zuwachs aufgezehrt werden, so kann dieses nicht in der Weise geschehen, daß der Zuwachs dem Vorrathe vollständig hinzutritt und an der Summe die weitere Zuwachsaufrechnung erfolgt, sondern so, daß Vorrath und Zuwachs in der Rechnung stets getrennt bleiben. Es darf ferner der Etat nicht allein vom Zuwachse genommen, sondern es muß bei jedem Hiebe auch ein Theil des Vorraths consumirt werden.

Es führt sich dann die Probe in unserem Beispiele, wenn wir die Zuwachsaufrechnung mit Beginn des Umtriebs anfangen lassen, folgendermaßen aus:

$v = 1155$ in 10 Umtrieben zu consumiren, mithin Hiebsquantum pro Umtrieb 115,5. Um Brüche zu vermeiden, wollen wir in den geraden Jahren 116, in den ungeraden 115 Fm. hauen.

$Z = 517$ Fm. $= 44{,}8$ pCt.

Umtrieb	Borrath am Anfang deffelben	Zuwachs während des u	Nutzung = 400 Feftm. wird entnommen vom		Innerhalb des Umtriebs ift gegen den genutzten Zuwachs erfolgt	
			Borrath	Zuwachs	mehr	weniger
1	1155	517	115	285	232	.
2	1040	466	116	284	182	.
3	924	414	115	285	129	.
4	809	362	116	284	78	.
5	693	310	115	285	25	.
6	578	259	116	284	.	25
7	462	207	115	285	.	78
8	347	155	116	284	.	129
9	231	103	115	285	.	182
10	116	52	116	284	.	232
Sa.	.	2845	.	.	646	646

Werfen wir nun einen Blick hinüber auf den Waldzuftand bei Beginn des 11 Umtriebes.

Die Stämme, welche beim Anfange der Wirthschaft in die II. Altersklaffe einrückten, treten nunmehr in die XII., die der I. in die XI. Der übrige Wald ift neu entftanden.

Genutzt ift von ihm rechnungsmäßig noch nichts, er fteht unberührt da! Es leuchtet wohl ein, daß der Vorrath weit über das Normale fortgegangen fein muß und daß, wenn nur einigermaßen Nachwuchs in jeder Klaffe vorhanden war, in den älteren ein hochwaldartiger Schluß eingetreten fein muß.

Blieb der normale Zuwachs 517 Feftmeter, fo finden wir als Vorrath auf dem jüngften Schlage nicht mehr 1155 Feftmeter wie in unferem Normalwalde zu Beginn des 1 Umtriebes, fondern, da nur 400 Feftmeter bei jedem Hiebe genutzt find,

$$1155 + 10. \ 117 = 2325 \text{ Feftmeter}$$

alfo mehr, denn den doppelten Vorrath.

Der Wald ift reif für den Hochwald!

In der Zeitschrift für Forft= und Jagdwefen Band I pag. 24 ift vom Oberforftmeifter Danckelmann bei Befprechung der Grebe'fchen Betriebsregulirung eine neue Formel für die Berechnung des Etats hergeleitet. Es läßt diefe aber ebenfo wie die vorigen die Erträge aus den jüngeren nachwachfenden Beftänden fort; fie kann daher ebenfalls nicht dem normalen Etat gleichkommen und alle Uebelstände, die wir den Berechnungen nach jenen anderen zugeschrieben haben, müssen auch bei dieser hervortreten, wenn auch nicht in genau derselben Weise. Es wird nämlich angenommen, daß in dem Bestande zum Theil der Zuwachs nach Zinseszinsen erfolgt und deshalb erhält man für den Vertheilungszeitraum einen größeren Zuwachs, müßte mithin eigentlich stets zu höheren Etats, als wir vorher, gelangen. Daß es nicht stets der Fall ist, liegt, wie wir sehen werden, wo anders.

Der Gang zur Herleitung der Formel ist folgender:

Es wird der Zuwachs bis zum 1. Hiebe dem gefundenen Vorrathe zugezählt, diese Summe $= v$ gesetzt und der Berechnung zu Grunde gelegt.

v sollen wir nun um ein Hiebsquantum $= x$ noch vor Beginn des ersten Umtriebes vermindern, so daß also die Wirthschaft mit dem Vorrathe $v - x$ anfängt. Am Schlusse des ersten Umtriebes wird zum zweiten Male gehauen, am Schlusse des nten demnach zum $n + 1$ten Male. Wir haben also einen Hieb mehr als Umtriebszeiten. Da aber in jedem Umtriebe nur einmal gehauen wird, so ist die Anzahl der Hiebe und Umtriebe gleich groß und es ist die Berechnungszeit um 1 u weiter ausgedehnt, als beabsichtigt, denn n soll in der Formel die Anzahl der Umtriebszeiten angeben, welche den Vertheilungszeitraum umschließt. Hierdurch wird es möglich, daß unter Umständen die Auflösung der Formel auch niedrigere Etats liefert, als wir vorher erhalten haben.

Die Zuwachsaufrechnung ist eine doppelte, nämlich

    1. innerhalb jedes Unterholzumtriebes,

    2. von Umtrieb zu Umtrieb.

Ad 1 geschieht sie nach einfachen Zinsen. Das gefundene Jahreszuwachsprocent wird demgemäß mit u multiplicirt, um das Zuwachsprocent pro Umtrieb zu erhalten. Es vermehrt sich dann die Einheit um $0{,}0p. u$, so daß also am Schlusse des Umtriebes die Einheit zu $1 + 0{,}0p. u$ herangewachsen ist. Dieser Ausdruck wird $= f$ (Massenfactor) gesetzt.

Ad 2. Von Umtrieb zu Umtrieb tritt der bei dem letzten Hiebe nicht genutzte Zuwachs vollständig in den Vorrath über und **von dem Ganzen** wird der Zuwachs berechnet.

Wir erhalten also hier Zuwachs von Zuwachs.

Die Rechnung stellt sich nun weiter folgendermaßen:

Erster Umtrieb: Vorrath bei Beginn $v - x$, Ende $vf - xf - x$; innerhalb des zweiten Umtriebes wächst dieser Werth an auf $vf^2 - xf^2 - xf$ und sinkt nach dem Hiebe auf $vf^2 - xf^2 - xf - x$. Da nun in n Umtriebszeiten der Vorrath consumirt werden soll, so ist

$$vf^n - xf^n - xf^{(n-1)} \ldots \ldots - xf - x = 0$$

und daher

$$x = \frac{f^n (f - 1) v}{f^{n+1} - 1}.$$

Für unser Beispiel tritt als Werth in diese Formel

$$v = 1672$$
$$n = 10$$
$$f = 1{,}448$$

und x erhält daraus den Werth von 526 Festmeter.

Da dieser Etat innerhalb der Berechnungszeit 11 Male gehauen werden soll, der jetzt kurz vor dem Hiebe vorhandene Vorrath aber nur 1672 Festmeter beträgt, so folgt daraus, daß wir als Zuwachs in Rechnung gestellt haben

$$5786 - 1672 = 4114 \text{ Festmeter}$$

während normaliter, wie
pag. 65 entwickelt ist,
nur erfolgen $\qquad\qquad$ 2073 „
mithin sind in Folge Zinseszinsen 2041 Festmeter zuviel in Rechnung gestellt.

Wir haben bis jetzt alles im Schlage vorhandene Material berücksichtigt; es ist uns aber gestattet, hierin nicht so weit zu gehen, sondern nur diejenigen Stämme aufzunehmen, die 6″ im Durchmesser in Brusthöhe und darüber messen. Nehmen wir nun an, daß dieses Maß vorhanden ist, wenn das Holz in die V. Altersklasse eintritt, so wird

$$v = 1540$$
$$n = 8$$
$$f = 1{,}448$$
$$\text{und daraus } e = 494$$

Lassen wir noch zwei weitere Altersklassen verschwinden aus dem Vorrathe, so daß nur das Material der VII.—XII. Klasse bleibt, so wird

$$v = 1248$$
$$n = 6$$
$$f = 1{,}448$$
$$e = 417$$

Berücksichtigt man hingegen nur die Klassenvorräthe von IX bis XII, so geht

$$v \text{ auf } 839$$
$$n \;_{,,} \quad 4 \text{ und}$$
$$e \;_{,,} \quad 308 \text{ herab.}$$

Wir haben also für denselben Schlag bei dieser Formel die Etatsreihe 526, 494, 417, 308 Festmeter je nach mehr oder minder umfassender Aufnahme und Berücksichtigung der jüngeren Altersklassen.

Für die praktische Verwendbarkeit der neuen Formel stellt sich außer diesem Schwanken der Resultate noch die Bestimmung des f und sein außerordentlicher Einfluß auf das Resultat als eine Quelle großer Verlegenheiten heraus. Bis jetzt haben wir hier dieselben umgangen, indem wir das Zuwachsprocent 44,8 gleichmäßig in allen Fällen anwendeten. Nun erhalten wir aber bei der successiven Fortlassung je zweier Altersklassen andere Procente, nämlich

1. Da Altersklassen V—XII eintreten mit dem Vorrathe 1139 Fm. und bis zum Hiebe 401 Fm. zuwachsen, für diese zusammen 35,2%.

2. Da Altersklasse VII—XII beim Beginne des Umtriebes 965 Fm. haben und diese sich um 283 Fm. vermehren, für diese 29,3%.

3. Da endlich Altersklasse IX—XII die anfänglichen 695 Fm. um 144 Fm. größer werden lassen, für diese 20,7%.

Die Massenfactoren sind daher nicht gleichmäßig 1,448, sondern der Reihe nach 1,352; 1,293; 1,207; und die Etats werden demnach

$$\text{für 1 anstatt 494 Fm. 429 Fm.}$$
$$\text{für 2} \;_{,,}\; 417 \;_{,,}\; 339 \;_{,,}$$
$$\text{für 3} \;_{,,}\; 308 \;_{,,}\; 236 \;_{,,}{}^{1}).$$

---

[1] Der Etat 236 ist in Folge der zu hoch angenommenen Hiebeszahl niedriger als der entsprechende, nach der Vierenkleeschen Formel berechnete trotz der dort in Rechnung gestellten rein einfachen Zinsen.

Die Resultate der reinen Formelberechnung sollen jedoch nur dann gelten, „wenn der anzustrebende Normalzustand im Oberholze vorhanden und namentlich das Altersklassenverhältniß ein geordnetes ist", sonst werden sie nach den speciellen Schlagverhältnissen modificirt. Auch wird schließlich noch der Waldabnutzungssatz mit dem jährlichen Zuwachse auf der gesammten Betriebsfläche und der Gesammtvorrath mit dem Normalvorrathe verglichen, um ein Urtheil zu gewinnen, ob die Gesammtnutzung nachhaltig ist und zugleich auch eine Ueber= führung des Vorrathes zum Normalen anbahnt. Es ist wahr= scheinlich, daß hierbei die Fehler der Formeletats corrigirt werden.

Mit diesen letzten Modificationen tritt aber die Etatsberechnung einem dritten Verfahren sehr nahe, nämlich: gleich den Schlagetat nach Maßgabe des in u Jahren erfolgenden Zuwachses so festzu= setzen, daß er, je nachdem der wirkliche Vorrath den normalen über= steigt oder hinter ihm zurückbleibt, gegen den wirklichen Zuwachs größer oder geringer wird.

Der Gedankengang dieses Verfahrens ist so einfach, seine Rich= tigkeit so in die Augen springend, daß es keiner weiteren Erklärung dafür, noch eines Beweises bedarf. Indem angenommen wird, daß der jetzige reale Zuwachs auch in Zukunft erfolgt, wird zugleich unterstellt, daß sich die Altersklassen und mit ihnen der Zuwachs fort und fort genau ergänzen; anderen Falls müßte in Folge Vor= raths=Erhöhung resp. =Verminderung auch eine Zuwachs=Erhöhung resp. =Verminderung eintreten.

Ist nun der vorhandene Vorrath mit dem normalen identisch, so wird der Zuwachs direct als Etat gesetzt, sonst muß der Hieb den normalen Vorrath erst herstellen, und das geschieht je nach den Ver= hältnissen durch Verminderung oder Vermehrung des Etats gegenüber dem wirklichen Zuwachse.

Um in dieser Weise den Schlagetat festsetzen zu können, müssen

---

Berichtigt man in der Danckelmann'schen Herleitung die Zahl der Hiebe, so erhalten wir als Etatsformel

$$\frac{f^{(n-1)}\,(f-1)}{f^n - 1}\, v$$

und durch Einsetzen der Werthe je nach der Zahl der berücksichtigten Altersklassen die Etatsreihe   530; 440; 360; 272 Festmeter.

Auch diese Aenderung schafft uns also keine besseren Resultate.

wir zunächst den wirklichen Vorrath vor dem Hiebe kennen. Er ergiebt sich aus dem jetzt gefundenen Vorrathe unter Hinzufügung des berechneten zukünftigen Zuwachses, der bis zum Hiebe erfolgt.

Wir müssen ferner kennen den Normalvorrath, ebenfalls auf die Zeit kurz vor dem Hiebe bezogen. Musterstücke im Walde oder Erfahrungssätze sollten, wie früher ausgeführt, für die Bestimmung zum Anhalt dienen.

Aus beiden Vorräthen berechnen wir dann, um wieviel der wirkliche Vorrath gegen den normalen größer resp. kleiner ist. Dieser Betrag ist zu consumiren resp. einzusparen.

Der Zeitraum, in welchem dieses geschehen soll, wird für jeden Fall besonders bestimmt. Bei kleineren Differenzen versucht man den Vorrath mit einem Schritte herzustellen, größere erfordern mehrere. Ist der wirkliche Vorrath wesentlich zu groß, so muß in Erwägung gezogen werden, ob das Material auch absetzbar ist, ohne die Preise zu drücken, ferner ob nicht eine zu starke Lichtung des Bestandes und eine Bodenverarmung eintritt, denn es ist wahrscheinlich, daß das Unterholz bei sehr starkem Oberholzvorrathe in sehr geringem Maße vorhanden ist, daß die Kronenausbildung von der normalen erheblich abweicht und daher die normale Masse bei weitem nicht die zugehörige Schirmfläche besitzt. Da erscheint es geboten, die Herstellung des normalen Vorraths allmälig zu bewirken und die Zahl der Umtriebe, innerhalb welcher die Ausgleichung geschehen soll, auf 2, 3 oder mehr festzusetzen.

Steht der wirkliche Vorrath aber erheblich zurück, so verbietet es sich, wenn die Differenz größer als Z ist, von selbst, den normalen Vorrath in einem Umtriebe herzustellen. Ist Z nur um ein Geringes größer, als die Differenz, so erscheint es dennoch nicht zweckmäßig, den Hieb auf das rechnungsmäßige Minimum zu beschränken, um nach dem ersten Umtriebe bereits in den normalen Vorrath einzutreten, weil es im Interesse des Bestandes liegt, die Schlagstellung am Schlusse des Umtriebes durch einen umfassenden Hieb zu reguliren. Auch kann es ja für die Erhaltung des Absatzes und Vermeidung von Diebstahl wichtig sein, eine für den Bedarf der Umgegend hinreichende Menge von Holz auf den Markt zu bringen, daher die Einsparung nicht zu hoch zu greifen und die Herstellung des normalen Vorraths allmälig zu bewirken ist.

Aus der Zahl der Ausgleichungsumtriebe und der Abweichung vom normalen Vorrathe erhalten wir dann die Festmeterzahl, welche dem gefundenen normalen Umtriebszuwachse zu oder abzusetzen ist, wenn man den Schlagetat finden will.

Es würde demnach der Etat sich durch Auflösung der Gleichung

$$e = wz + \frac{wv - nv}{a}$$

ergeben, worin wz der Zuwachs ist, der innerhalb eines Unterholzumtriebes wächst und a die Zahl der Unterholzumtriebe angiebt, innerhalb welcher der Normalvorrath hergestellt werden soll.

Ist also

$$nv = 1672$$
$$wv = 1200$$
$$a = 4$$
$$wz = 360$$

so ist

$$e = 360 + \frac{1200 - 1672}{4} = 242 \text{ Fm.}$$

Für unser Normalwaldsbeispiel wird der Ausgleichungsbruch = 0, der Etat mithin gleich dem Zuwachse d. h. = 517 Festmeter. In einem wirklich vorhandenen Mittelwalde würde der Zuwachs aber nach dem am Schlusse von Abschnitt VI besprochenen Grundsatze nur $517 - \frac{1}{9}517 = 460$ Festmeter und demgemäß auch der Etat nur 460 Festmeter betragen.

Es dürfte wohl von Interesse sein, dagegen alle bis jetzt für unser Normalwaldbeispiel berechneten Etats hier noch zusammenzustellen.

Bei den Berechnungen, die mit dem progressionsmäßig verminderten, nach dem Gesetze der einfachen Zinsen erfolgenden Zuwachse operiren, resultirten je nach mehr oder minder umfassender Vorrathsaufnahme und entsprechender Ausdehnung des Berechnungszeitraumes als Etat

400 (nach Grebe 402) — 368 — 326 — 264 Festmeter

nach der von Danckelmann aufgestellten Formel entsprechend:

526   494 — 417 — 308 resp.

526   429 — 339 — 236 Festmeter und

bei Berichtigung der Formel hinsichtlich der Hiebsanzahl:

530   440 — 360 — 272 Festmeter.

Die im Principe angenommene Berechnung des Schlagetats erleidet dadurch, daß wir es selten mit einer, sondern meist mit mehreren Haupt= und einigen Nebenholzarten zu thun haben, einige Modificationen. Sie bestehen darin, daß für jede Holzart oder Gruppe durch Auflösung der Formel ein Etat ausgeworfen wird und dabei der Werth von a für jede in verschiedener Höhe angenommen werden kann und endlich darin, daß bei Hinzutritt von Nebenholzarten als nv weder der höchste noch der niedrigste, sondern der mittlere Werth eingesetzt wird[1].

---

[1] cfr. sub F des Abschnitts X.

IX.

Die Aufstellung des Etats für den ganzen Mittelwald und seine Entnahme aus demselben.

Der Abnutzungssatz für den ganzen Mittelwald wird gefunden, indem man die Etats sämmtlicher Schläge für jeden einzelnen Block addirt, die Summe durch das zugehörige u dividirt und die erhaltenen Quotienten addirt.

Es muß dann als weitere Aufgabe der Betriebsregulirung an= gesehen werden, die Hiebsdispositionen so zu treffen, daß die Summe der in einem Jahre planmäßig zum Einschlage gelangenden Massen nicht wesentlich dagegen abweicht; denn eine erhebliche Schwankung in den Erträgen ist für den geregelten Haushalt, der auf gleich= mäßig einlaufende Einkünfte sehen muß, nicht statthaft. Die Regelung ist nun in den einzelnen Fällen verschieden zu bewirken und wir müssen deshalb jeden einzelnen besprechen.

a) Der Wald besteht nur aus einem Mittelwaldblocke.

Es fällt alsdann Wald= und Blocketat zusammen. Ein gleicher Jahreseinschlag während des ganzen Umtriebes kann nur dadurch erzielt werden, daß man in Schlägen, in denen mehr als der Wald= etat gehauen werden soll, länger als ein Jahr wirthschaftet, im um= gekehrten Falle dagegen über den Schlag hinausgreift und das Deficit aus dem Etat des nächsten deckt.

Will man sich mit annähernder Gleichstellung der Erträge be= gnügen, so empfiehlt sich die Zusammenfassung von Schlägen zu Districten oder, wenn man es so nennen will, Perioden. Für den

Schlagcomplex wird durch Ermittelung des Durchschnittsetats ein (Perioden) Districtsetat berechnet, der für soviel Jahre, wie der Distrikt Schläge enthält, an Stelle des Waldetats tritt und genützt wird. Man haut dann zwar nach der Nummer der Schläge, in jedem den für ihn berechneten Etat, überschreitet aber wie vorher je nach Bedürfniß die Grenzen oder läßt einen Theil für das nächste Jahr zurück und hat dafür den Vortheil, innerhalb des Unterholzumtriebes mit Bestimmtheit mehrere Male mit der Schlageintheilung wieder in Uebereinstimmung zu gerathen und dadurch mehr Anhalte und Controlpunkte für den Stand der Wirthschaft zu erhalten.

Beide Arten der Regulirung führen, so zweckmäßig sie auch erscheinen mögen, doch den Uebelstand mit sich, daß sie die geschaffene räumliche Ordnung im Walde in erheblichem Maße stören und daß, wenn in einem Schlage zwei und drei Jahre hindurch gehauen wird, mag es auch jedesmal an anderen Stellen sein, Cultur und Unterholz leiden. Außerdem ist es nicht leicht, richtig zu tariren, welch eine Fläche des Schlages in Betrieb genommen werden muß, um die erforderliche Masse zu liefern. Wird dazu eine zu große Fläche gezogen, so muß schließlich, damit der Schlagetat erfüllt werden kann, der Rest überhauen oder der bereits im Vorjahre durchhauene Schlagtheil nochmals durchplentert werden. Es ist deshalb diese Regulirung die letzte, zu der man greifen sollte und eben nur in dem vorliegenden Falle, wo es kein anderes Auskunftsmittel giebt.

b) Der Wald besteht nur aus Mittelwald aber aus mehreren Blöcken.

Für diesen Fall haben wir eine Ausgleichung schon angebahnt, indem wir nach geschehener Massenaufnahme die Schläge so nummerirten, daß die in ein und demselben Jahre zum Hiebe gelangenden in der Summe ihrer Vorräthe von den zunächst zu hauenden nach den letzten hin allmälig abnehmen, die mittleren möglichst genau den Durchschnittsvorrath aufweisen, die ältesten dagegen um ein halbes Z reicher und die jüngsten um ebensoviel geringer ausgestattet werden. Es ist wahrscheinlich, daß durch diese Maßregel schon eine ziemlich weitgehende Annäherung erreicht ist. Wo es aber nicht geschehen ist, muß es durch eine nachträgliche weitere Verschiebung der einzelnen Schläge herbeigeführt werden.

Man trägt zu diesem Zwecke in das nachstehende Schema sämmtliche Schlagetats ein, zieht die Summe der in jedem Jahre zu hauenden Beträge und sucht nun durch Verschiebung dieses oder jenes Schlages um ein Jahr die Differenzen gegen den Waldetat zu beseitigen. Verschiebungen um 2 Jahre sind schon mißlich, weil der Etat nach dem Zuwachse, der innerhalb u Jahren an dem Vorrathe erfolgt, berechnet ist und wegen jeder Verschiebung streng genommen modificirt werden müßte. Verlangt man nicht zuviel, so wird sich genug durch einige wenige Verschiebungen erreichen lassen.

Schlag	Bl. I.	Bl. II.	Bl. III.	Bl. IV.	Summa vor Ausgleichung	nach derselben
1	480	360	280	295	1415	1650
2	460	260	600	530	1850	1615
3	460	730	300	250	1740	1690
2c.	2c.	2c.	2c.	2c.	2c.	. .
12	.	.	.	.	.	.
Sa.	4460	4960	5710	5135	20265	.
Durchschnitt	372	413	476	428	1689 = Waldetat	.

Leichter wird die Regulirung wenn

c) Der Wald neben dem Mittelwalde auch Hochwald enthält.

Dann werden die Verschiebungen nach der Vorrathsaufnahme genügen und die nach der Etatsberechnung fortbleiben können. Die fernere Ausgleichung sucht man in diesem Falle in größerer oder geringerer Hochwaldnutzung und haut im Mittelwalde lediglich nach den Schlagetats. Was durch diese aus dem Waldetat nicht gedeckt wird, giebt der Hochwald her.

Offenbar gleichen sich die Mehr- und Minderhiebe gegen den Hochwaldabnutzungs-Satz innerhalb jedes Umtriebes aus, so daß nach u Jahren auch u Male der Hochwaldsetat genutzt ist.

X.

Ein Beispiel für die Aufstellung eines Schlagbetriebs=planes und der dazu gehörigen Vorarbeiten.

Vorbemerkung:

Auf dem Schlage stehen Eiche, Rüster und Esche, sowie die Aspe.

Die Berechnung für die Eiche hat bei gewünschter Verzinsung[1]) des Werthes vom ältesten Holze mit 1,5 % einen Umtrieb von 144 Jahren, die für Rüster und Esche bei 2 % einen 96 jährigen, die für die Aspe endlich einen 60 jährigen Umtrieb bei $3\frac{1}{2}$ % ergeben.

Rüstern und Eschen sollen, da die Gleichheit der Schirmfläche und der Masse in gleichem Lebensalter dieses zuläßt, wie eine[2]) Holzart behandelt werden und sind deshalb nirgends zu trennen.

---

[1]) cfr. pag. 12.
[2]) cfr. pag. 61.

A.[1])

Aus den Vorarbeiten für die Massenermittelung sich ergebende Grundlagen.

Alters-klasse.	Beim Eintritt haben die Stämme			Es ist zu Grunde zu legen der Berechnung				
	einen Durchmesser		Höhe	des Zuwachses		der Massenreihe		
	ohne Rinde millimet.	mit Rinde millimet.	decimet.	Durchm. centimet.	Höhe decimet.	Durchm. centimet.	Höhe Meter	Formzahl (Derbholz)
				a. Eiche.				
III	36	48	61	5	61	4	6,0	.
IV	114	130	100	13	100	14	10,0	.
V	204	224	140	22	140	22	14,0	.
VI	304	328	162	33	162	32	16,0	.
VII	392	420	173	42	173	42	17,0	.
VIII	488	520	185	52	185	52	18,5	.
IX	554	590	197	59	197	60	19,5	.
X	620	660	211	66	211	66	21,0	.
XI	672	716	225	72	225	72	22,5	.
XII	696	744	236	74	236	74	24	.
				b. Rüster und Esche.				
III	97	112	65	11	65	12	6,5	0,40
IV	184	204	110	20	110	20	11,0	0,40
V	275	300	164	30	164	30	16,0	0,44
VI	340	370	189	37	189	38	19,0	0,46
VII	399	434	194	43	194	44	19,5	0,48
VIII	420	460	196	46	196	46	19,5	0,50
				c. Aspe.				
II	64	72	60	7	60	8	6	0,40
III	120	144	102	14	102	14	10	0,42
IV	218	240	147	24	147	24	14,5	0,43
V	248	288	174	29	174	28	17,0	0,44

[1]) cfr. pag. 36 ff. u. 44.

B.

Maſſenreihe für die Berechnung des vorhandenen Vorrathes.

Die Reihe für die Eiche iſt nach der in Burckhardt's Hülfstafeln für Forſttaxatoren enthaltenen Stammtafel berechnet. Die für Aſpe, Buche und Eſche aus dem Ausdruck g. h. φ.

a. Eiche.

Durchmeſſer in Brusthöhe (Ctm.)	gehört dem nach zu der Altersklaſſe	und enthält bei einer Höhe von				
		Met. 6 Feſtm.	Met. 10 Feſtm.	Met. 14 Feſtm.	Met. 16 Feſtm.	Met. 17 Feſtm.
2	I—III	.				
4	.	.				
6	.	.				
8	.	0,01				
10	.	0,02				
12	.	0,03				
14	IV	.	0,07			
16	.	.	0,09			
18	.	.	0,11			
20	.	.	0,14			
22	V	.	.	0,26		
24	.	.	.	0,31		
26	.	.	.	0,38		
28	.	.	.	0,45	.	
30	.	.	.	0,52		
32	VI	.	.	.	0,68	
34	.	.	.	.	0,77	
36	.	.	.	.	0,87	
38	.	.	.	.	0,98	
40	.	.	.	.	1,09	
42	VII	.	.	.	.	1,28
44	.	.	.	.	.	1,41
46	.	.	.	.	.	1,56
48	.	.	.	.	.	1,71
50	.	.	.	.	.	1,87

Durchmeſſer in Brusthöhe	gehört dem nach zu der Altersklaſſe	und enthält bei einer Höhe von				
		Met. 18,5 Feſtm.	Met. 19,5 Feſtm.	Met. 21 Feſtm.	Met. 22,5 Feſtm.	Met. 24 Feſtm.
52	VIII	2,21				
54	.	2,40				
56	.	2,59				
58	.	2,80				
60	IX	.	3,17			
62	.	.	3,40			
64	.	.	3,64			
66	X	.	.	4,19		
68	.	.	.	4,48		
70	.	.	.	4,78		
72	XI	.	.	.	5,47	
74	XII	.	.	.	.	6,16
76	.	.	.	.	.	6,53
78	.	.	.	.	.	6,91
80	.	.	.	.	.	7,29
82	.	.	.	.	.	7,69
84	.	.	.	.	.	8,09
86	.	.	.	.	.	8,50
88	.	.	.	.	.	8,92
90	.	.	.	.	.	9,36
92	.	.	.	.	.	9,80
94	.	.	.	.	.	10,25
96	.	.	.	.	.	10,70
98	.	.	.	.	.	11,17
100	.	.	.	.	.	11,65

b. Eschen und Rüstern.

Der Stamm hat und enthält bei einer Höhe von

Durchmesser in Brusthöhe	gehört demnach zu der Altersklasse	Met. 6,5	Met. 11	Met. 16	Met. 19	Met. 19,5	Met. 19,5
		Festm.	Festm.	Festm.	Festm.	Festm.	Festm.
2	I—III	.					
4	.	.					
6	.	.					
8	.	0,01					
10	.	0,02					
12	.	0,03					
14	.	0,04					
16	.	0,05					
18	.	0,07					
20	IV	.	0,14				
22	.	.	0,17				
24	.	.	0,20				
26	.	.	0,23				
28	.	.	0,27				
30	V	.	.	0,50			
32	.	.	.	0,57			
34	.	.	.	0,64			
36	.	.	.	0,72			
38	VI	.	.	.	0,99		
40	.	.	.	.	1,10		
42	.	.	.	.	1,21		
44	VII	.	.	.	.	1,42	
46	VIII	.	.	.	.	.	1,62
48	.	.	.	.	.	.	1,76
50	.	.	.	.	.	.	1,91
52	.	.	.	.	.	.	2,07
54	.	.	.	.	.	.	2,23
56	.	.	.	.	.	.	2,40
58	.	.	.	.	.	.	2,58
60	.	.	.	.	.	.	2,76

c. Aspe.

Der Stamm hat und enthält bei einer Höhe von

Durchmesser in Brusthöhe	gehört demnach zu der Altersklasse	Met. 6	Met. 10	Met. 14,5	Met. 17
		Festm.	Festm.	Festm.	Festm.
2	I II				
4	.				
6	.				
8	.	0,01			
10	.	0,02			
12	.	0,03			
14	III	.	0,06		
16	.	.	0,08		
18	.	.	0,11		
20	.	.	0,13		
22	.	.	0,16		
24	IV	.	.	0,28	
26	.	.	.	0,33	
28	V	.	.	.	0,46
30	.	.	.	.	0,53
32	.	.	.	.	0,60
34	.	.	.	.	0,68
36	.	.	.	.	0,76
38	.	.	.	.	0,85
40	.	.	.	.	0,94
42	.	.	.	.	1,03
44	.	.	.	.	1,14
46	.	.	.	.	1,24
48	.	.	.	.	1,35
50	.	.	.	.	1,47

C.

Berechnung der Burckhardt'ſchen Zuwachsklaſſe, die für die einzelnen Altersklaſſen gilt[1].

Altersklaſſe	Durchmeſſer beim Eintritt	Zunahme in der Altersklaſſe	Relativer Durchmeſſer	Höhe beim Eintritt	Zunahme in der Altersklaſſe	Voller Höhenzuwachs	Demnach beträgt für Höhenzuwachs Klaſſe				in Rechnung zu ſtellende Zuwachsklaſſe
	Ctm.	Millim.		Decim.		Decim.	II	III	IV	V	
a. Eiche.											
III	5	82	0,6	61	39	102	26	51	76	102	III
IV	13	94	1,4	100	40	71	18	36	53	71	III
V	22	104	2,1	140	22	67	17	34	50	67	II
VI	33	92	3,6	162	11	45	11	23	34	45	II
VII	42	100	4,2	173	12	41	10	21	31	41	II
VIII	52	70	7,4	185	12	25	6	13	19	25	III
IX	59	70	8,4	197	14	23	6	12	17	23	III
X	66	56	11,8	211	14	18	5	9	14	18	IV
XI	72	28	26,0	225	11	9	2	5	7	9	V
XII	74	26	28,5	236	5	8	2	4	6	8	IV
b. Rüſter und Eſche.											
III	11	92	1,2	65	45	54	14	27	41	54	IV
IV	20	96	2,1	110	54	52	13	26	39	52	V
V	30	70	4,3	164	25	38	10	19	29	38	IV
VI	37	64	5,8	189	5	33	8	17	25	33	II
VII	43	26	16,5	194	2	12	3	6	9	12	II
VIII	46	18	25,5	196	1	8	2	4	6	8	II
c. Aſpe.											
II	7	76	0,9	60	42	67	17	34	50	67	IV
III	14	98	1,4	102	45	73	18	37	55	73	III
IV	24	48	5,0	147	27	29	7	15	22	29	V
V	29	32	9,0	174	9	19	5	10	14	19	III

[1] cfr. pag. 44 ff.

D.

Resultate der Kluppung und die sich daran schließenden Berechnungen[1]).

a. Eiche.

Durchmesser	Stammzahl	Masse		Altersklasse	Durchmesser des Mittelstammes	Die Zuwachsermittelung		
						an Stämmen	ergab ein mittleres Umtriebs-zuwachsprocent	
		Festm.	Decim.		Centim.		rückwärts	vorwärts
8	40	.	40	III	11	4	rel. Durchm.	< 1
10	50	1	00					
12	100	3	00					
14	35	2	45	IV	17	3	∞	92
16	36	3	24					
18	19	2	09					
20	30	4	20					
22	11	2	86	V	24	5	115	79
24	13	4	03					
26	68	25	84					
28	13	5	85					
30	7	3	64					
32	12	3	16	VI	36	2	74	57
34	18	13	86					
36	11	9	57					
38	19	18	62					
40	20	21	80					
42	20	25	60	VII	46	3	64	51
44	22	31	02					
46	50	78	00					
48	.	.	.					
50	20	37	40					
52	15	33	15	VIII	55	4	37	33
54	23	55	20					
56	32	82	88					
58	.	.	.					
60	20	63	40	IX	61	5	32	28
62	11	37	40					
64	9	32	76					
66	14	58	66	X	67	2	26	24
68	15	67	20					
70	6	28	68					
72	30	164	10	XI	72	2	12	12
74	20	123	20	XII	77	6	9,5	9,2
76	11	71	83					
78	14	96	74					
80	25	182	25					

[1]) cfr. pag. 39. bsg. pag. 45.

b. Rüster und Esche.

Durchmesser	Stammzahl	Masse		Altersklasse	Durchmesser des Mittelstammes	Die Zuwachsermittelung		
						an Stämmen	ergab ein mittleres Umtriebs-zuwachsprocent	
Centim.		Festm.	Decim.		Centim.		rückwärts	vorwärts
8	20	.	20	III	14	5	∞	150
10	20	.	40					
12	30	.	90					
14	30	1	20					
16	30	1	50					
18	20	1	40					
20	15	2	10	IV	21	4	153	110
22	9	1	53					
24	6	1	20					
26	.	.	.					
28	.	.	.					
30	20	10	00	V	33	6	77	62
32	25	14	25					
34	30	19	20					
36	25	18	00					
38	42	41	58	VI	40	6	42	36
40	22	24	20					
42	56	67	76					
44	90	127	80	VII	44	5	16	14
46	18	29	16	VIII	47	3	10	10
48	7	12	32					
50	3	5	73					
52	2	4	14					

c. Aspe.

Durchmesser	Stammzahl	Masse		Altersklasse	Durchmesser des Mittelstammes	Die Zuwachsermittelung		
		Festm.	Decim.		Centim.	an Stämmen	rückwärts	vorwärts
8	40	.	40	II	10	.	rel. Durchm.	< 1
10	40	.	80					
12	30	.	90					
14	30	1	80	III	18	4	∞	144
16	10	.	80					
18	25	2	75					
20	7	.	91					
22	18	2	88					
24	10	2	80	IV	26	3	71	59
26	50	16	50					
28	22	10	12	V	31	4	29	26
30	3	1	59					
32	6	3	60					
34	7	4	76					
36	.	.	.					
38	.	.	.					
40	1	.	94					

E.

Ermittelung der Procentsätze[1]), nach denen der normale Vorrath in Altersklassenvorräthe zerlegt wird.

Altersklasse	Kronen-Durchmesser Met.	Dec.	Stammzahl auf dem Hectar bei Schluß 1,0	Masse des Einzelstammes Festm.	Dec.	Masse der Altersklasse Festm.	Im Ganzen für die Holzart	Der Altersklassenvorrath beträgt vom ganzen für die Holzart pCt.	Dec.	Bemerkungen.
a. Eiche.										
III	4	.	722	.	07	51	3373	1	5	
IV	5	.	462	.	26	120	.	3	6	
V	6	.	321	.	68	218	.	6	5	
VI	7	.	236	1	28	302	.	9	0	
VII	8	.	180	2	21	398	.	11	8	
VIII	9	.	143	3	17	453	.	13	4	
IX	10	5	105	4	19	440	.	13	0	
X	11	5	87	5	47	476	.	14	1	
XI	12	5	74	6	16	456	.	13	5	
XII	13	.	68	6	75	459	.	13	6	
b. Rüster und Esche.										
III	4	.	722	.	14	101	2149	4	7	
IV	4	5	570	.	50	285	.	13	3	
V	5	.	462	.	99	416	.	19	3	
VI	5	5	382	1	42	542	.	25	2	
VII	6	5	273	1	62	442	.	20	6	
VIII	7	5	205	1	77	363	.	16	9	
c. Aspe.										
II	2	5	1848	.	06	111	746	14	9	Die Zahlen kommen im Betriebs-plane nicht zur Geltung, da die Aspe nicht zu den Hauptholz-arten gerechnet ist.
III	3	5	943	.	28	264	.	35	4	
IV	5	.	462	.	46	213	.	28	5	
V	6	5	273	.	58	158	.	21	2	

[1]) cfr. pag. 51 ff.

F. Specielle Beschreibung, Ertrags-
Aufgestellt nach dem

Block I. Schlag VI. Fläche 12 Hect.

Boden: frischer humoser, sehr kräftiger Aueboden; in 1 Meter Tiefe steht Kies an.

Bestandeswuchs und Stellung: Eiche, Esche und Rüster durchweg gutwüchsig. Die älteren vertheilt, die jüngsten in Horsten und Einzelvertheilung über c. den halben Schlag verstreut.

Hauptholzarten: Eiche, Esche und Rüster.

Wirthschaftsziel: 200 Festmeter Oberholz pro Hektar. Eichen 75 %, Rüster und Eschen zu vertreten werden.

Die Bestandsaufnahme im Jahre 1876 ergab:

Holzart.	Nummer.	geringster Durchmesser.	Fläche normal.	dec.	Fläche wirklich.	dec.	Stammzahl normal.	Stammzahl wirklich.	Masse.	Summe der Masse für Holzart resp. Gruppe.
a) Eiche	I., II.		1	50	1	60	.	.	.	1394
	III.	8					168—386	190	4	
	IV.	14					153—250	120	12	
	V.	22					139—172	130	42	
	VI.	32					127	80	67	
	VII.	42					96	112	172	
	VIII.	52					76	70	171	
	IX.	60					55	40	133	
	X.	66					46	36	155	
	XI.	72					39	30	164	
	XII.	74					36	70	474	
b) Rüster u. Esche	I., II.		.	50	.	30	.	.	.	385
	III.	12					142—200	150	6	
	IV.	20					129—160	30	5	
	V.	30					117	100	61	
	VI.	38					106	120	134	
	VII.	44					77	90	128	
	VIII.	46					57	30	51	
c) Aspe	I., II.	8	.	.	.	.	.	110	2	51
	III.	14					Maximal-zahlen { 83	90	9	
	IV.	24					{ 75*)	60	19	
	V.	28					{ 39	37	21	

Zuwachs-Berechnung:

Holzart.	Nummer.	rückwärts Procent für 6 Jahre.	rückwärts Masse zu Anfang des Umtriebs.	rückwärts zugewachsene Masse.	vorwärts Procent.	vorwärts Masse.	Summe d. rechnungsmäßigen mäßigen Zuwachses.	nach Abzug von 1/9 bleibt.
a) Eiche	I., II.	.	.	.	.	.	370	329
	III.	.	.	.	.	.		
	IV.	∞	0	12	46	6		
	V.	58	27	15	40	17		
	VI.	37	49	18	29	19		
	VII.	32	130	42	26	45		
	VIII.	19	144	27	17	29		
	IX.	16	115	18	14	19		
	X.	13	137	18	12	19		
	XI.	6	155	9	6	10		
	XII.	5	451	23	5	24		
				182		188		
b) Rüster u. Esche	I., II.	.	.	.	.	.	122	108
	III.	∞	0	6	75	5		
	IV.	77	3	2	55	3		
	V.	39	44	17	31	19		
	VI.	21	111	13	18	24		
	VII.	8	119	9	7	9		
	VIII.	5	49	2	5	3		
				59		63		
c) Aspe	I., II.	.	.	.	.	.	32	28
	III.	∞	0	9	72	6		
	IV.	36	14	5	30	6		
	V.	15	18	3	13	3		
				17		15		

---

*) Rechnungsmäßig 89. cfr. pag. 60.

Ermittelung und Betriebsplan.

Waldzustände im Sommer 1876.

Wird gehauen im Jahre 1882. Zuwachsberechnung rückwärts 6 Jahre, vorwärts 6 Jahre. Bonität: der Massenreihe x.

Klassen stehen horstweise zusammen, theilweise in gedrängtem Schlusse, mittlere und jüngere besser Aspen gutwüchsig bis gegen das 60. Jahr. Einzelständig mit Ausnahme zweier größerer Horste.

sammen 25 %. In den 5 jüngsten Altersklassen sollen diese Holzarten nach Möglichkeit durch Aspe

		Etats = Berechnung.									
Vorrath vor dem Hiebe.	Normalvorrath.	Gegen den normalen ist der wirkliche Vorrath		Ausgleichungszeit.	Gegen den Zuwachs ist zu hauen		Etat an Ober= holz, Derb= holz.	Außerdem erfolgt, wie nach den Resultaten des letzten Hiebes anzunehmen ist:			
								vom Oberholze		Unterholz	
		größer.	kleiner.		mehr.	weniger.		Stöcke.	Reisig.	Derb= holz.	Stöcke.	Reisig.
Festmeter.	Festmeter.	Festmeter.		u	Festmeter.			Festmeter.		Festmeter.	
1561 nämlich 1394 $+^8/_9 \cdot 188$	1800 kann durch Mischung mit Aspe sinken auf 1738, in Rechnung zu stellendes Mittel 1769.	.	208	3	.	69	260	25	191	.	.	220
441 (385+56)	600 —576 im Mittel 588	.	147	3	.	49	59	5	46	.	.	.
64	(86 in Maximo, 43 im Mittel.)	(21)	.	2	11	.	39	.	30	.	.	.

XI.

Die Controle im Mittelwalde.

Was wir mit derselben erreichen wollen, finden wir in der preußischen Anweisung zur Anlegung und Führung des Controlbuchs von 6. Juni 1875 treffend dahin angegeben:

„Die Resultate der Material-Abnutzung im Laufe der Wirthschaftsführung zur Vergleichung mit der Schätzung, auf welche sich der Abnutzungssatz gründet, so zu verzeichnen und übersichtlich zusammenzustellen, wie es erforderlich ist, um die Material-Abnutzung fortlaufend der Abschätzung und dem Ergebnisse der seit der Schätzung stattgefundenen Abnutzung entsprechend reguliren zu können."

Um diesen Zweck zu erfüllen, muß nach der genannten Instruction zunächst eine Uebersicht über den Jahreseinschlag aufgestellt werden (Abschnitt B.), dann muß jede nach ihrem Ertrage eingeschätzte Figur, im Mittelwalde also jede Abtheilung, für welche ein besonderer Etat ausgeworfen ist, ein besonderes Conto erhalten (Abschnitt A.). Dorthin werden die Erträge von B. übertragen. Sind sie außer der Tour erfolgt, so knüpft sich an die Eintragung keine weitere Berechnung; stammen sie hingegen aus einem planmäßigen Schlage, so folgt eine Vergleichung von Ist und Soll, durch die der Mehr- oder Minder-Ertrag gegen die Schätzung klar gelegt werden soll.

In Abschnitt C. wird nach den Resultaten des vorjährigen Hiebes das zulässige Abnutzungs-Soll für das nächste Jahr berechnet.

Betrachten wir einmal, ob der Abschnitt A. und C. dem aufgestellten Programme genügen.

A. benutzt, um den Mehrertrag zu finden, den Ist= und Soll=
einschlag und den Ist= und Sollüberhalt.

Der Isteinschlag ist aus den Uebertragungen von B. bekannt,
der Solleinschlag hingegen aus dem Abschätzungswerke; der Ist=
überhalt muß durch specielle Aufnahme der Bestände gefunden, der
Sollüberhalt wieder aus dem Abschätzungswerke entnommen werden
und dann wird folgende Rechnung ausgeführt.

Zeit der Benutzung und Hauungsart.	Controlfähiges Derbholz.		u. s w.
	Eichen.		u. s. w.
	Fest= Meter.	Raum=	
1875 Windbruch	.	30	u. s. w.
1876 regelmäßiger Schlag .	356	200	
Raummeter in Festmeter .	161		
Summe Isteinschlag . .	517		
Nach der Schätzung sollen geschlagen werden . . .	517		u. s. w.
Mithin ist geschlagen {mehr . {weniger	. .		
Nach der im Sommer 1877 bewirkten Aufnahme ist übergehalten Oberholz . .	1160		u. s. w.
Nach der Schätzung sollte übergehalten werden . .	1155		
Mithin ist überge= {mehr . halten . . . . {weniger	5 .		u. s. w.
Folglich gegen {Mehrertrag d. Schätzung {Minderertrag	5 .		u. s. w.

Trotz dieses mühsamen Apparates erhalten wir doch in dem
Resultat nicht den Mehr= oder Minderertrag, weil Ist= und Soll=
überhalt zwei wirklich in sich verschiedene Größen sind.

Die Massenermittelung bei der Taxation bezieht sich nämlich
nur auf das Holz bis zu einer gewissen Stärke. Nehmen wir jetzt
den günstigsten Fall an, daß sie sich auf alle Stämme, die Derbholz
enthalten, erstreckt hat. Dem gefundenen Vorrathe ist addirt der
an diesem erfolgende Zuwachs bis zum Hiebe. Vorrath vor dem
Hiebe vermindert um den Solleinschlag giebt rechnungsmäßig den
Sollüberhalt. Es bleibt also die Masse der Stämme, die

zur Zeit der Massenaufnahme das Maß nicht hatten, unbeachtet.

Nun wächst im Laufe der Umtriebszeit aber eine große Anzahl von Stämmen, namentlich wenn Birken und Aspen in den Schlägen stehen, in das Maß hinein. Die Aufnahme des Iftüberhaltes nach dem Hiebe muß diese mit berücksichtigen und steht also nicht demselben Schätzungsobject gegenüber wie die Aufnahme für den Betriebsplan, sie muß vielmehr, wenn der Hieb dem Etat entsprach, stets mehr finden, als übergehalten werden sollte.

Wollten wir auf diesem Wege einen richtigen Ueberblick über das Verhältniß des schätzungsmäßig und wirklich vorhandenen Vorraths gewinnen, so darf die controlirende Massenaufnahme nur die Stämme treffen, die auch früher schon eingeschätzt sind, ein Ansinnen, das nur zu erfüllen wäre, wenn die Altersklassen räumlich getrennt, nicht vermischt ständen und ganz bestimmt angegeben werden könnte, welcher Theil des Schlages s. Z. geschätzt war. Außerdem aber darf die Nachschätzung nicht erst im nächsten Sommer, wo bereits wieder eine Vorrathsvermehrung durch Zuwachs stattgefunden hat, sondern muß spätestens bis zum Ausbruch der Blätter erfolgen.

Mit Rücksicht auf die Mängel des Resultats knüpft die Anweisung daran, wenn sie es auch Mehr- oder Minderertrag nennt, keine Folge. Vielmehr bleibt es nur nachrichtlich stehen, um nach weiteren Ermittelungen bei einer Taxations-Revision benutzt zu werden.

Es dient also der Abschnitt A. nicht, wie beim Hochwalde, dazu, fortlaufend die Materialabnutzung dem Ergebnisse der seit der Schätzung stattgefundenen Abnutzung entsprechend reguliren zu können.

Der Abschnitt C. soll enthalten eine Zusammenstellung der Conti A. und B. und die Berechnung der daraus folgenden zulässigen Abnutzung für jedes Jahr. Da das Conto des Abschnittes A aber für den Mittelwald ohne Einfluß bleibt, so ist nur die Schlußsumme von B. alljährlich nach C. zu übertragen, und dabei die Rechnung in der bekannten Art auszuführen.

Der Gedanke, der diesem Verfahren zu Grunde liegt, ist der, daß eine Einsparung resp. ein Mehrhieb im Vorjahre eine Erhöhung oder Verminderung des Einschlages im nächsten Jahre zur

Folge haben müsse, ein Gedanke, der für den im strengsten Nachhalt=
betriebe bewirthschafteten Hochwald auch zutrifft, weil dieser der
Etatsberechnung gegenüber in sich ein Ganzes ist, das nur durch
äußere, nicht in der Waldform liegende Gründe eine Theilung in
Blöcke erfahren kann. Der im jährlichen Betriebe bewirthschaftete
Mittelwald hingegen bildet, selbst wenn er nur aus einem Blocke
besteht, eine Aneinanderreihung von Wirthschaftsganzen, den Schlägen.
Jedes derselben hat einen besonderen Etat und wird im aus=
setzenden Betriebe bewirthschaftet; der jährliche im Walde wird nur
dadurch möglich, daß in jedem Blocke u Schläge vorhanden sind,
von denen in jedem Jahre einer zum Hiebe gelangt. Ist die
Reihe durchhauen, so beginnt der Hieb wieder im ersten Schlage.

Die Wirthschaft springt also von Jahr zu Jahr auf ein
anderes in sich geschlossenes Schätzungsobject über und deshalb
führt die Uebertragung der Hiebsvorgriffe und Einsparungen von
einem Jahre zum anderen in der Praxis zu Unträglichkeiten.

Ein Beispiel wird das noch klarer stellen. Wir haben einen
Wald, der in 12 Schläge eingetheilt ist, die Schlagetats betragen
für   I— VI   90 Festmeter,
für VII—XII 110 Festmeter, der Waldetat also 100 Festmeter.

Der Hieb hat begonnen mit dem Wirthschaftsjahre 1874 in
I, das Controlbuch (C) lautet: Der Abnutzungssatz beträgt   100 Fm.

Im Jahre 1874 sind geschlagen . . . . . .   90 „

Es ist mithin { Mehreinschlag
{ Mindereinschlag   10 „

1875 (Schlag II.) Der Abnutzungssatz beträgt . 100 Fm.

Dem vorjährigen Abschlusse gemäß können im
Jahre 1875 geschlagen werden . . . . . 110 „

Es sind geschlagen . . . . 90 „

Es ist mithin { Mehreinschlag
{ Mindereinschlag   20 Fm.

Die Zahl 110 Festmeter ist aus dieser Berechnung in den
Hauungsplan für das Jahr 1876 als zulässiges Abnutzungs=Soll
übergegangen. In diesem Jahre soll Schlag III. gehauen werden,
dessen Etat = 90 Festmeter ist. Die Differenz ist also schon
20 Festmeter. Eines von beiden muß nun illusorisch werden,
entweder das Controlbuch oder die Abschätzung. Gesetzt nun, der

Mittelwald war bereits in normalem Zustande, nur die Größe der einzelnen Schläge weicht ab von einander, weil die Eintheilung einem natürlichen Wege= und Wasserlaufnetze folgen mußte, so wird durch das Controlbuch und die Beachtung seiner Rechnung binnen Kurzem der normale Zustand aufgehoben werden, denn wir müssen, um wieder das Beispiel aufzunehmen, zunächst in dem kleinen Schlage III. 20 Festmeter zu viel hauen.

Für 1876 lautet das Controlbuch: Der Abnutzungssatz beträgt . . . . 100 Fm.

Dem vorjährigen Abschlusse gemäß können im Jahre 1876 geschlagen werden . . . . 120 „

Es sind geschlagen . . . . 110 „

Es ist mithin { Mehreinschlag . { Mindereinschlag 10 Fm.

In den Hauungsplan pro 1877 muß als zulässiges Abnutzungs=Soll der Betrag von 120 Festmetern aufgenommen werden, der zu hauende Schlag IV. hat dagegen einen Etat von 90 Festmetern, wie seine Vorgänger.

Setzt man die Rechnung noch weiter fort, so erhält man

für das Jahr	1878	1879	1880	1881	1882	1883	1884	1885	1886
in den Hauptplan aufzu= nehmendes zulässiges Ab= nutzungs=Soll	110	90	80	90	110	120	110	90	80
gegen den Etat	90	90	110	110	110	110	110	110	90
für Schlag	V	VI	VII	VIII	IX	X	XI	XII	I

d. h. soviel, daß bei stricter Einhaltung der Zahlen des Control=buches die Schlagetats fast vollständig umgeworfen werden.

Es ist wohl kaum nöthig noch zu zeigen, in welcher Weise nun wieder Abschnitt C. verkehrt wird, wenn die Schlagetats als zulässiges Einschlags=Soll dem zulässigen Abnutzungs=Soll entgegen festgesetzt werden.

In den Schlägen I—VI. werden dann jedes Jahr 10 Fest=meter gegen den Abnutzungssatz zu wenig gehauen; das zulässige Abnutzungssoll steigt demnach bis auf 160, um danach von Jahr zu Jahr wieder um 10 Festmeter abzunehmen.

Es erhellt wohl hieraus zur Genüge, daß unser Verfahren, so

paſſend es für den Hochwald iſt, wohl eben gerade deshalb auf den Mittelwald nicht paßt.

Was aber iſt an Stelle deſſelben zu ſetzten?

Beginnen muß die Controle mit der Zuſammenſtellung des Jahreseinſchlages, wie ſie Abſchnitt B. erfordert. Wir behalten dieſen als Abtheilung I. bei.

In Abtheilung II. muß dann das zuläſſige Abnutzungs=Soll klargelegt werden. Die Berechnungen hierfür ſind jedoch für jeden Schlag beſonders zu führen und das gewonnene Reſultat darf nur auf denjenigen Schlag bezogen werden, für den es eben hergeleitet iſt.

Nachdem gezeigt iſt, zu welchen Mißſtänden die Uebertragung von einem Schlage zum anderen geführt hat, ergiebt ſich dieſes Ver= fahren wohl von ſelbſt.

Abtheilung II iſt dann in folgender Weiſe anzulegen und zu führen[1]): Jede kleinſte Wirthſchaftsfigur, für die ein beſonderer Etat berechnet iſt, erhält ein beſonderes Conto, in welches die im Laufe der Umtriebszeit erfolgten Erträge aus I übertragen werden.

Für die Aufſtellung des Hauungsplanes wird das Ertragsconto des zum etatsmäßigen Hiebe gelangenden Schlages addirt, die ſich ergebende Summe von dem Schlagetat abgezogen und dadurch des Schlages zuläſſiges Abnutzungs=Soll hergeleitet, das als Norm für das feſtzuſetzende Einſchlags=Soll gilt.

Das bei dem Tourſchlage gehauene Quantum wird mit dieſem Abnutzungs=Soll verglichen und das Mehr oder Minder gezogen, um dadurch eine Ueberſicht zu gewinnen, inwieweit der Hieb der Schätzung gemäß geführt iſt.

Alle Erträge, die nach vollendetem Hiebe im Schlage auf= kommen, werden in ein neues Conto eingetragen, denn ſie ge= hören dem neuen auf dem Schlage begonnenen Umtriebe an. Empfehlenswerth iſt es, für dieſes Conto ein ganz beſonders Heft anzulegen, das dann, wenn das vorige „Abtheilung II für den erſten Umtrieb“ genannt wird, als für den zweiten Umtrieb gültig zu bezeichnen iſt.

Haben wir nur einen Block, alſo auch nur einen Schlag all=

---

[1]) Am Schluſſe dieſes Abſchnittes iſt ein Beiſpiel durchgeführt.

jährlich, so genügt Abtheilung II in der beschriebenen Form, um das Abnutzungs-Soll für den Mittelwald ersichtlich zu machen. Sobald aber mehrere Blöcke vorhanden sind, ist die Anfertigung einer besonderen Uebersicht über die einzelnen zulässigen Schlag-abnutzungs-Solls nothwendig. Wir legen uns deshalb zu II noch einen Unterabschnitt an, in welchem das zulässige Abnutzungs-Soll der einzelnen für dasselbe Jahr zum Etats-Hiebe gelangenden Schläge zusammengetragen und durch Addiren das Soll für den ganzen Mittelwald gefunden wird.

Dient die Abtheilung II dazu, die Waldabnutzung mit der schätzungsmäßig vorgesehenen in Einklang zu bringen und die Abwei-chungen des wirklich erfolgten Ertrages von dem durch die Schätzung festgesetzten zu constatiren, so bleibt uns nun noch der zweite Theil der dem Controlbuche zufallenden Aufgabe zu lösen, nämlich mit Hülfe der Resultate des Hiebes die Schätzung weiter fort-zuführen.

Auch für die Erreichung dieses Zweckes müssen wir neue Bahnen betreten.

Wir haben gesehen, daß die Nachschätzung, wie sie bei uns in Preußen üblich ist, einem wesentlich anderen Objecte gegenübersteht, als die erste Schätzung, daß deshalb das Resultat der Balance nicht den Mehrertrag, sondern den Mehrbefund nachweist und daher nicht direct zur Regulirung des Abnutzungssatzes benutzt werden kann.

Lassen wir nun den Abnutzungssatz unverändert in den zweiten Umtrieb übergehen oder setzen ihm nur den gegen den Etat erfolgten Mehr- oder Mindereinschlag ab resp. zu, so ist es klar, daß bei der außerordentlichen Vielgestaltung der Mittelwaldbestände, bei der großen Veränderung des ganzen Waldbildes durch den etatsmäßigen Hieb und die nachwachsenden Culturen der für andere Verhältnisse berech-nete Abnutzungs-Satz selten noch auf den zweiten Umtrieb paßt, und um so häufiger wird das eintreten, je weiter der Hieb von den Intentionen des Abschätzungswerkes abgewichen ist, wenn er z. B. in den jüngeren Altersklassen nicht umfassend genug geführt ist oder eine Menge alter Bäume stehen gelassen hat, die wenig noch an Zuwachs bringen.

Tragen wir daher dem veränderten Vorrathe vollständig Rech-nung und ermitteln ihn und den Abnutzungs-Satz ganz von Neuem,

indem wir zugleich den erfolgten Hieb dazu benutzen, um die Grund=
lagen der Schätzungen genau zu prüfen.

Wir legen uns dazu 2 Abtheilungen, III und IV, an und
führen beide schlagweise.

Durch III soll ermittelt werden, inwieweit die für die Vorraths=
ermittelung benutzten, dem Abschätzungswerke beigegebenen Massen=
reihen mit den Hiebsresultaten jedes Schlages übereinstimmen. Zu
diesem Behufe wird bei der Auszeichnung ein Kluppmanual geführt,
in welches jeder zum Hiebe bestimmte Stamm eingetragen wird.
Nach den im Laufe des Einschlages etwa nothwendig werdenden
Abweichungen, über die der den Schlag führende Förster volle Aus=
kunft geben kann und muß, wird dann nach vollendetem Hiebe das
Manual berichtigt, der Soll=Einschlag nach unserer Tafel wie bei
der Abschätzung altersklassenweise berechnet, das Resultat in das
Schema für III eingetragen und endlich die Summe des Soll=
Einschlages festgestellt. Daneben ist dann der Isteinschlag in seiner
Summe einzutragen. In dem auf 2 Decimalstellen genau zu berech=
nenden Quotienten Ist:Soll erhalten wir den Reductionsfactor,
durch dessen Anwendung wir die Zahlen der Tafel in Einklang mit
den realen Erträgen bringen. Für den zweiten Umtrieb im Schlage
unterstellen wir allen bezüglichen Berechnungen die berichtigten Massen=
reihen und benutzen am Schlusse den etatsmäßigen Hieb wiederum
zur Berichtigung des Reductionsfactors. Durch solches Verfahren
erhalten allmälig auch die feineren Bonitätsunterschiede der einzelnen
Schläge unter einander ihren Ausdruck und es ist deshalb, wie schon
hervorgehoben, nicht nothwendig, mit der Ausscheidung verschiedener
Bonitäten zu penibel zu sein.

Für Abtheilung IV wird der Schlag nach dem Hiebe in gleicher
Weise, wie bei der ersten Aufnahme gekluppt, der Vorrath aber für
jede einzelne Altersklasse nach der reducirten Tafel berechnet und
Stammzahl und Masse eingetragen.

Zum Zwecke der Fortführung der Etatsberechnung, Berichtigung
und Erweiterung der Zuwachsermittelungen müssen schon bei der
Schlagstellung wenn möglich für jede, sonst für die massenreichsten
Altersklassen gutwüchsige Stämme ausgezeichnet und an ihnen die
Zuwachsprocente berechnet werden. Für letzteres wenden wir die
überaus einfache und doch zutreffende, von Preßler aufgestellte Me=

thode der Berechnung des Procentes aus der zuwachsrechten Mitte an. Es wird also zu diesem Behufe der Stamm derartig ent= wipfelt, daß der Rest die Höhe darstellt, die der Stamm vor 1,3 u[1]) Jahren hatte. Von dieser Höhe wird die Hälfte genommen und dort oder wenigstens in der Nähe, wenn die Stelle selbst Aeste halber oder aus anderen Gründen sich nicht eignet, der jetzige Durch= messer und der Zuwachs der letzten u Jahre gemessen. Nachdem dann der relative Durchmesser berechnet ist, entnimmt man aus der Preßler resp. Burckhardt'schen Tafel direct das für den ganzen Um= trieb geltende Zuwachsprocent.

Das arithmetische Mittel der für jede Altersklasse jetzt und früher gefundenen Zuwachsprocente wird in die Abtheilung IV ein= getragen und danach für die Umtriebszeit der Zuwachs berechnet.

Beträgt das Procent für irgend eine Klasse z. B. 22,3 und gründet sich auf 5 Berechnungen und sind jetzt 2 Stämme unter= sucht mit einem Zuwachs von 24,3 und 21,5 so ist

$$\tfrac{1}{7} \, (5. \, 22{,}3 + 24{,}3 + 21{,}5) = 22{,}5$$ das in das Control= buch aufzunehmende Procent.

Für die Zahl der Umtriebe, binnen deren der n v herzustellen ist, bleibt das Abschätzungswerk in der Regel maßgebend. Bei wesentlich veränderten Verhältnissen wird die Zahl anderweitig von Neuem festgesetzt.

Aus Zuwachs= und Ausgleichungsquote ergiebt sich der neue Derbholz=Abnutzungssatz für den Oberbaum.

Stock= und Reiserholz aus dem Oberholz=Einschlage wird nach dem Verhältnisse der auf dem Schlage erfolgten Erträge berechnet, der Schlagholzertrag aber einfach gleich hoch mit dem eben erfolgten angenommen.

Das sind die Grundsätze, nach denen die Controle geführt werden muß. Ihre Vorzüge sind, daß die Schätzung auf Grund der ge= prüften Unterlagen wirklich fortgeführt wird, daß alle Arbeiten auch sofort nutzbar gemacht sind und der Revierverwalter hervorragenden Antheil an der Fortführung der Betriebsregulirung und deshalb größeres Interesse daran erhält. Dabei ist die ihm zugemuthete Mehrarbeit nicht groß, denn nach dem zeitigen Stande der Dinge

---

[1]) Die Stämme gelten demnach als mittelvollholzig.

müssen bereits Ermittelungen über Zuwachs und Massengehalt an einer Anzahl von Stämmen angestellt werden, es muß der Ueberhalt nach dem Hiebe genau gekluppt und berechnet werden, wir schätzen endlich bei dem Auszeichnen die Aushiebsmasse, um nicht den Etat zur Illusion werden zu lassen. Neu hinzu treten die Arbeiten für Abtheilung III und in IV die specielle Zuwachs= und Etats=Berechnung. Dafür wird der neue Abnutzungssatz der revidirten und berichtigten Grundlagen halber passender, als der erste sein und wenn nicht ganz besondere, tief einschneidende Veränderungen eingetreten sind, die eine ganz neue Schlageintheilung oder ein Aufgeben der Mittelwaldwirthschaft erheischen, so wird eine neue Taxation des Revieres nicht nöthig. Und diesen wesentlichen Vortheil, der eigentlich die ganze Mittelwaldtaxe erst lebensfähig macht und ihr die unbedingt nothwendige Specialität und Beweglichkeit verleiht, erreichen wir fast ohne Kosten.

Wenden wir uns nun zu Beispielen:

Abtheilung I.

Zeit und Art des Hiebes.	Block.	District.	Schlag = Abtheilung.	Eichen.							Rüstern u. Eschen.	Schlagholz.							
				Controlfähig. Derbholz.					Stockholz.	Reisig.		Derbholz.					Stockholz.	Reisig.	Lohrinde.
				Festmeter. Nutzholz.	Raummeter.							Festmeter. Nutzholz.	Raummeter.						
					Nutzholz	Scheit= holz.	Knüppel.	Summe.	Raummt.				Nutzholz.	Kloben.	Knüppel.	Summe.	Raummt.		Ctr.
											Dieselben Colonnen wie für die Eiche folgen für jede der im Betriebsplane besonders behandelten Holzart resp. Holzarten=Gruppe.								

Abtheilung II.

Bloc I. Schlag 6.

Zeit und Art des Hiebes. Herleitung des zuläſſigen Abnutzungs-Solls und Balance gegen den Jſteinſchlag.	Oberholz.										Unterholz.					
	Derbholz.								Nicht Derbholz		Derbholz		Nicht Derbholz			
	Eichen.		Rüftern und Eſchen.		Aspen.				Stock-holz.	Reiſig.	Nutz-holz.	Brenn-holz.	Lohe	Nutz-holz	Reiſig.	Stock-holz.
	Feſt=meter.	Raum=meter.	Feſt=meter.	Raum=meter.	Feſt=meter.	Raum=meter.	Feſt=meter.	Raum=meter.	Feſt=meter.	Feſt=meter.	Feſt=meter.	Raum=meter.	Ctr.	Raummeter.		
1876 Windbruch	3,20	5	2,10	4	1,50	3				9						
1878 dsgl.		3								4						
1879 Trockniß				5						1						
In Summe (1881)	3,20	8	2,10	9	1,50	3										
Raummeter in Feſtmeter . .	5,60		7,30		2,10											
Summe Feſtmeter	9		9		4											
Der Schlagetat beträgt . . .	267		61		28											
Das zuläſſige Abnutzungs-Soll für den Tourſchlag iſt demnach	258		52		24											
1882 Tourſchlag	252		62		26				34	218	.	.	.	52	980	
Mithin { Mehreinſchlag . . .			10		2				11	70	)Prozent vom Derbholz in Eichen.					
Mindereinſchlag . .	6						oder		10	40	= = = = Rüſtern 2c.					
									—	65	= = = = Aspern.					

Abtheilung II A.

| Nach Abtheilung II. beträgt das zuläffige Abnutzungs=Soll für | | Eichen. | Efchen, Rüftern. | Afpe. | u. f. w. |
Block.	Schlag.				
Jahr	1876				
I.	1	250	73	30	
II.	1	308	50	23	
III.	1	324	32	18	
u. f. w.					
Summe . .		2352	1423	365	
Jahr	1877				
I.	2	258	52	24	
u. f. w.					

Abtheilung III.

Block I. Diftrict — Schlag 6. Abtheilung —.

| Es sind bei der Schlagführung gefällt worden: | | | | | | | | | | Sollgehalt nach der Tafel für die | | Wirklich erfolgte Maffe. | Reductions= Factor. Ift/Soll |
| Eichen. | | Efchen, Rüfter. | | Afpe. | | | | | | | | | |
Alters= Klaffe.	Stamm= zahl.	Alters= Klaffe.	Stamm= zahl.	Alters= Klaffe.	Stamm= zahl.	Alters= Klaffe.	Stamm= zahl.	Alters= Klaffe.	Stamm= zahl.	Alters= Klaffe.	Maffe.	Feftmt.	dec.
III.	20									III.	0,40		
IV.	3									IV.	0,33		
V.	1									V.	0,38		
VI.	2									VI.	1,85		
VII.	10									VII.	12,60		
VIII.	2									VIII.	4,80		
IX.	3									IX.	10,21		
X.	1									X.	4,48		
XI.	1									XI.	5,47		
XII.	29									XII.	211,32		
								Summe in Eichen rot			242	253	1 05
		III.	5							III.	0,18		
		IV.	2							IV.	0,43		
		u. f. w.											u. f. w.

Abtheilung

Block I. District —.

Holzart.	Nummer	geringster Durchmesser	Fläche normale dec.	Fläche wirkliche dec.	Stammzahl normal.	Stammzahl wirkliche.	Masse. Festm.	Summe der Masse jeder Holzart resp. Gruppe. Festmet.	Für die früheren Berechnungen war ermittelt. pCt. Vorwärts	an Stämmen.	Jetzt ist gefunden pCt. Vorwärts	an Stämmen.	Mittleres pCt. aus allen Untersuchungen.	Ergiebt Zuwachs in Festmetern.	Und nach Abzug von 1/9 Festm.
Eiche	I.	.	75	} 1.30											
	II.	.	75												
	III.	8	.	.	168—386	268	3	1343	.	.	.	.	.	3	303
	IV.	14	.	.	153—250	168	10		92	3	.	.	92	9	
	V.	22	.	.	139—172	116	31		79	5	.	.	79	24	
	VI.	32	.	.	127	128	71		57	2	.	.	57	40	
	VII.	42	.	.	96	78	91		51	3	64	2	56	51	
	VIII.	52	.	.	76	100	188		33	4	.	.	33	62	
	IX.	60	.	.	55	68	193		28	5	36	2	30	58	
	X.	66	.	.	46	35	138		24	2	.	.	24	33	
	XI.	72	.	.	39	35	178		12	2	13	1	12	21	
	XII.	74	.	.	36	70	441		9	6	9	10	9	40	
												Summe		341	
Rüster, Esche u. s. w.															

IV.

Schlag 6.   Abtheilung —.

Vorrath vor dem Hiebe.	Normaler Vorrath.	Gegen den normalen ist der wirkliche		Zahl d. Ausgleichungs-Untriebe.	Gegen den Zuwachs ist zu hauen		Etat an Oberholz, Derbholz.	Außerdem erfolgt, wie nach dem Resultat des letzten Hiebes anzunehmen ist:				
								vom Oberholze		vom Unterholze		
		größer.	kleiner.		mehr.	weniger.	Festmeter.	Stöcke.	Reisig.	Derbholz.	Stöcke.	Reisig.
								Festmeter.		Festmeter.		
1646	1800 —1738 im Mittel 1769		123	2		62	241	26	166			206

XII.

Schlußwort.

Bei der Etatsberechnung setzen wir voraus, daß der Zuwachs wirklich nachhaltig erfolgt und verlangen damit zugleich, daß die Wirthschaft, soviel an ihr liegt, Alles thut, um diese der Berechnung unterstellte Bedingung zu erfüllen. Sie hat dazu als Hilfsmittel Hiebsführung und Kultur.

Wie im Hochwalde die Durchforstungen eine Nutzung lediglich zu Gunsten des bleibenden Bestandes bilden, ohne daß dem Hiebe eine Cultur entspricht, die Hauptnutzung hingegen den Zweck der Walderneuerung verfolgt, so haben wir auch in dem Mittelwalde zu unterscheiden, ob die Stämme nur deshalb fortgenom en werden, um den Nachbarn aufzuhelfen oder ob sie einem neuen Bestande Platz machen sollen. Beide Rücksichten müssen bei der Auszeichnung gewahrt werden.

Die systematisch zu niedrig berechneten Etats und die daraus entspringende Fülle eines Materialvorrathes, der eine Menge abständigen unwüchsigen Holzes mit sich brachte, sind auch hier Schuld, daß der Hieb oft nur wie eine Durchforstung geführt werden konnte und der Verjüngungshieb zurückgedrängt wurde. Wir wissen aber, daß jeder Altersklasse gleiche Fläche zukommt und müssen deshalb auch für die jüngste d. h. die Cultur diese fordern. Der Hieb muß also wirkliche Culturflächen schaffen und als solche sind nur anzusehen: Flächen, die unter Berücksichtigung der Kronenvergrößerung umgebender Stämme doch noch immer groß genug bleiben, um einem Stamme der mittleren Altersklassen und demgemäß jetzt einer ent=

sprechenden Anzahl junger Stämme genügenden Wachsraum zu bieten.

Die Verjüngung selbst kann auf natürlichem oder künstlichen Wege erreicht werden. Jedenfalls muß aber für ihr Vorhandensein gesorgt werden und, wenn dieses erreicht ist, für ihre Pflege. Hinsichtlich dieser aber macht der Mittelwald mindestens dieselben Ansprüche wie der Hochwald.

Wir haben bereits, als wir die Entstehung der Altersklassen besprachen, hervorgehoben, daß die Bedingungen eines Anschlagens der Verjüngung im Mittelwalde verhältnißmäßig selten gegeben sind. Wollen wir das günstiger gestalten, so müssen wir dadurch Hülfe gewähren, daß den jungen Pflanzen Luft und Licht geschafft und um so energischer damit vorgegangen wird, je kleiner die Schützlinge sind.

Die Saat verlangt nicht allein unbedingte Befreiung von jedem Licht raubenden Ober= und Unterholze auf eine ganze Reihe von Jahren, sondern auch Befreiung von verdämmenden Unkräutern, die in dem guten Boden, auf dem der Mittelwald nur stocken soll, sehr üppig auftreten.

Pflanzungen mit ein= und zweijährigen Stämmchen bedürfen gleicher Pflege wie die Saat, und eine Verminderung tritt erst mit Anwendung stärkerer Pflanzen ein. Wird mit Lohden und Heistern gepflanzt, so mache man es sich zur Regel, das Unterholz nicht nur hart am Pflanzloche selbst, sondern auch in dessen Umkreise sofort auf die Wurzel zu setzen, sobald es den Pflanzen an den Kopf reicht. Bei Lohden muß dann unter Beachtung dieser Regel im zweiten Jahre nach dem Hiebe schon geräumt und die Maßregel im 5.—6. Jahre wiederholt werden, bei längeren Umtrieben zum dritten Male zwischen dem 12. und 14. Jahre eintreten.

Daß die Pausen späterhin länger werden können, liegt abgesehen von dem Zuwachse der Pflanzen darin, daß der Wuchs des Unterholzes durch die schnelle Wiederholung des Hiebes nachläßt.

Heistern sind je nach ihrer Größe und dem Wuchse des Unterholzes zwischen dem 4. und 6. Jahre frei zu hauen und bedürfen meist nicht eines zweiten Hiebes im Laufe des Umtriebes. Ohne Freihieb gedeihen auch sie nicht, und man muß sich darauf gefaßt machen, bei der Wiederkehr des regelmäßigen Hiebes nur noch die Rudera der ehemaligen schönen Cultur zu finden.

Wem also die Erhaltung des Mittelwaldes in seiner eigenthümlichen Form am Herzen liegt, der sorge durch entsprechenden Hieb für die Möglichkeit ausreichender Cultur, durch sorgfältige Ausführung und umfassende Pflege aber für ihr Gedeihen.

Anhangs-Tafel.

Bei einer Kronenweite von		Ist die Schirmfläche groß		pro Hektar stehen bei vollem Schlusse Stämme	Bei einer Kronenweite von		Ist die Schirmfläche groß		pro Hektar stehen bei vollem Schlusse Stämme
Meter.	dec.	Qu.-M.	dec.	Stämme	Meter.	dec.	Qu.-M.	dec.	Stämme
					10	5	95	5	105
					11	0	104	8	95
					11	5	114	5	87
2	0	3	5	2887	12	0	124	7	80
2	5	5	4	1848	12	5	135	4	74
3	0	7	8	1283	13	0	146	4	68
3	5	10	6	943	13	5	157	8	63
4	0	13	9	722	14	0	169	7	59
4	5	17	5	570	14	5	182	1	55
5	0	21	7	462	15	0	194	9	51
5	5	26	2	382	15	5	208	1	48
6	0	31	2	321	16	0	221	7	45
6	5	36	6	273	16	5	235	8	42
7	0	42	4	236	17	0	250	3	40
7	5	48	7	205	17	5	265	2	38
8	0	55	4	180	18	0	280	6	36
8	5	62	6	160	18	5	296	4	34
9	0	70	2	143	19	0	312	6	32
9	5	78	2	128	19	5	329	3	30
10	0	86	6	115	20	0	346	4	29

Berichtigung.

Als letztes Wort auf S. 66 lies Umtrieb statt Jahr.